高 等 学 校 教 材

物理化学实验

● 王文珍　主编　● 刘雪梅　副主编

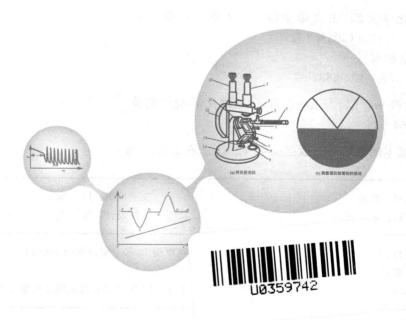

化学工业出版社

·北京·

《物理化学实验》内容共分为八章，第 1 章介绍了课程的目的和要求及实验室的安全知识；第 2 章介绍了实验的误差分析；第 3 章介绍了计算机软件在实验数据处理中的应用；第 4～8 章为实验部分，共编入 26 个实验项目；书末附有物理化学实验常用数据表。书中既有物理化学的经典实验，也有反映石油、石化专业特点的实验项目。每一个实验都按照实验目的及要求、实验原理、实验仪器与药品、实验步骤、数据处理、实验注意事项和思考题这七项条目进行编写。实验中涉及的测定方法、仪器原理及使用方法的介绍和相关的参考资料等附在实验内容之后。本教材结合了先进的现代实验教学仪器和计算机软件在实验中的应用而编写，力求实验教学能够与时俱进，反映当前物理化学实验的最新理论、技术和方法，具有较好的适用性。

　　《物理化学实验》可作为高等院校化学、应用化学、化学工程与工艺、环境工程、能源化学工程、石油工程、油气储运工程、材料科学工程、生物工程等专业的物理化学实验教材，也可供相关专业技术人员选用和参考。

图书在版编目（CIP）数据

物理化学实验/王文珍主编 . —北京：化学工业出版社，2017.1（2023.2 重印）

高等学校教材

ISBN 978-7-122-28375-7

Ⅰ.①物…　Ⅱ.①王…　Ⅲ.①物理化学-化学实验

Ⅳ.①064-33

中国版本图书馆 CIP 数据核字（2016）第 255906 号

责任编辑：杜进祥	文字编辑：向　东
责任校对：宋　夏	装帧设计：韩　飞

出版发行：化学工业出版社（北京市东城区青年湖南街 13 号　邮政编码 100011）
印　　装：涿州市般润文化传播有限公司
787mm×1092mm　1/16　印张 10¼　字数 253 千字　2023 年 2 月北京第 1 版第 4 次印刷

购书咨询：010-64518888　　　　　　售后服务：010-64518899
网　　址：http://www.cip.com.cn
凡购买本书，如有缺损质量问题，本社销售中心负责调换。

定　　价：26.00 元　　　　　　　　　　　　　　　　　版权所有　违者必究

　　物理化学是四大基础化学课程之一，是化工热力学、胶体与界面化学、结构化学、催化等专业课程的重要基础课。它采用物理原理和方法来研究和解决化学中的问题和规律，是化学的理论基础。因此物理化学实验非常依赖于测量仪器、测量技术，并涉及大量的数据处理。近年来随着科学技术，特别是计算机数据处理、互联网技术及相关领域的快速发展，不断开发出新的测量技术手段及处理软件，由此带来测量及数据处理自动化突飞猛进的发展，使得仪器的更新换代非常快。现有的物理化学实验教材种类很多，但大部分实验所用的仪器较为陈旧滞后，实验数据的采集与处理多停留在人工手动的阶段。

　　为了使物理化学实验课程与新型仪器及技术手段的发展相适应，编者根据多年的教学经验，并参考国内其他院校的物理化学实验教材，编写了本教材。本书在选取实验内容方面，首先，考虑化学基础理论和实验技术的知识系统性；其次，在保留了经典的实验内容的基础上，根据目前国内开发的最新仪器，调整补充了一些电脑联机的实验内容，特别注重测量方法及数据处理的自动化，重点选取了自动采集实验数据并用计算机软件处理实验数据的实验。本书内容包括基本测量方法及仪器介绍、数据处理方法、误差计算处理及实验部分。实验部分精选了热力学、动力学、电化学、胶体与界面化学、结构化学等 26 个实验，并对实验仪器、操作进行了详细的介绍和说明。另外，本书用较多的篇幅介绍了计算机数据处理与误差分析，及化学中常用的处理软件 Origin、Excel 和 ChemDraw 等。

　　本书由王文珍教授编写第二、三、四、八章及附表，刘雪梅编写第一、五、六、七章。

　　编者特别感谢西安石油大学和化学化工学院的支持，及物理化学课程组全体老师的无私帮助。对使用中发现的不妥之处，敬请提出宝贵意见，以待再版时更正。

编　者
2016 年 6 月

物理化学实验
WULI HUAXUE SHIYAN

目录

第1章 | 绪 论

1.1 开设物理化学实验课程的目的和要求

物理化学实验同无机化学实验、分析化学实验和有机化学实验一样，是一门独立开设的基础化学实验课程。物理化学实验是运用物理学的方法和技术，研究物质的物理性质及其与化学变化和相变化之间的关系。

1.1.1 课程的目的

通过开设物理化学实验让学生了解物理化学的研究方法，掌握物理化学实验的基本技术及常用实验仪器的结构、原理和操作方法，并了解与计算机联机的现代实验教学仪器。通过实验课程的开设，让学生学会正确观察实验现象、记录实验数据，培养学生应用 Origin 或 Excel 软件作图及对实验数据和实验结果进行分析、处理的能力，培养学生撰写完整的实验报告的能力及严谨、求实的科学精神，为学生以后的毕业论文及进一步的学习、工作奠定基础。总之，通过实验教学使学生对所学的理论知识能够进行灵活应用，巩固并加深学生对物理化学基本概念、基本理论和重要公式的理解，提高学生分析问题和解决问题的能力。

1.1.2 课程的要求

（1）实验预习

在做实验之前，首先要求学生认真阅读实验教材并查阅相关的资料。通过预习，学生要明确实验目的和要求，将实验的基本原理理解透彻，掌握实验方法和所用仪器的原理及使用方法，清楚实验过程中要注意的事项；然后按照要求写出预习报告。预习报告的内容应包括：实验目的、实验原理、仪器和药品、实验步骤、实验注意事项和记录原始实验数据的表格。

（2）实验操作

要求学生穿实验服才能进入实验室，有符合要求的预习报告和实验教材。进入实验室后要遵守实验室的各项规章制度，实验过程中不能大声喧哗，不能无故在其他实验台间四处走动，另外应注意实验室用水和用电的安全操作。

实验操作是物理化学实验的一个关键环节。"细节决定成败"，任何一个环节出现了问题都会导致整个实验失败，从而必须重做实验。因此，一定要按照正确的操作方法进行实验，在实验过程中，认真观察实验现象，积极思考并解释实验现象。对于实验过程中出现的问题，要善于独立思考和解决，对于不能独立解决的问题，请老师帮忙指导。

（3）实验记录

要养成良好的数据记录习惯。由于实验结果与温度、压力等条件密切相关，因此进入实验室后，首先要记录室内大气压和室温。在实验过程中，要正确记录实验数据。原始实验数据要记录在预习报告的数据记录表格中，不能随便记录在其他地方，不能用铅笔和红笔记录，也不能涂改。注意：实验的第一组数据应请指导老师检查指导，确认没问题后再继续进行实验直到实验结束。实验结束后，实验数据要经过指导老师审核签字后，再拆卸实验装置，清洗玻璃仪器，整理实验台，填写实验仪器的使用情况后方可离开实验室。对于实验数据有问题的同学，需要认真分析，找出问题所在，并重新进行实验。

（4）实验报告

学生应该按照指导教师的要求在规定的时间内独立完成实验报告并及时上交。实验报告的内容包括：实验目的、实验原理、实验装置图、仪器与药品、实验步骤、实验注意事项、数据处理和结果讨论。实验原理要求简明扼要，不能全盘照抄实验教材上的实验原理；实验装置图不能随心所欲、不切实际地乱画，要求尽量用计算机软件画图；实验步骤要求要在完成实验后按照实际的操作步骤写，不能完全照抄教材；数据处理部分是实验报告最关键的部分，要求学生独立应用 Origin 或 Excel 软件进行作图，写出计算公式和计算过程，最终得到实验的计算结果，在数据处理过程中要注意有效数字及物理量的单位；结果讨论部分应对实验结果进行相对误差计算，并深入分析造成误差的原因。通过撰写实验报告，学生在计算机作图、数据分析处理及问题的分析总结等方面得到了训练和提高，同时加深了学生对实验原理和物理化学基本理论的理解。

1.2 实验室安全知识

在实验室经常使用化学药品和各种仪器设备以及水、电和高压气体等，因此保证实验室的安全非常重要。每一名化学实验工作者都必须树立强烈的安全意识，进入实验室要严格遵守实验室的各项规章制度。这部分内容在先行的其他化学实验课中均已作了介绍，以下主要介绍物理化学实验室的安全用电和化学药品的安全防护等知识。

1.2.1 安全用电常识

与其他基础化学实验相比较，物理化学实验最显著的特点是使用的仪器设备多，这些仪器设备大多数使用频率为 50Hz 的单相（220V）交流电，少数仪器使用三相（380V）交流电，这个电压比人体的安全电压（36V）大得多，因此在实验室要特别注意用电安全，要熟悉用电的常识和注意事项。若违章用电有可能造成仪器设备损坏、人身伤亡和火灾等严重事故。

人体通过 50Hz 的交流电 1mA 就会产生麻木感；10mA 以上肌肉会强烈收缩；25mA 以上就会感觉呼吸困难，甚至会停止呼吸；100mA 以上就会致死。因此，在使用仪器设备时，必须注意以下安全注意事项：

① 使用仪器设备时，不能用潮湿的手接触电器。

② 所有电线接头处应该缠上绝缘胶布，所有电器设备的金属外壳都应接地。

③ 使用仪器设备前，先看清楚仪器所要求的电源是直流电还是交流电、单相电还是三相电，电压的大小和功率是否符合要求以及直流电源的正、负极。不能用普通试电笔去测试高压电，使用高压电源应有专门的防护措施。

④ 导线短路会引发事故。因此在实验过程中要防止各种液体浸湿电线和仪器设备；另外，线路中各接点应牢固，电路元件两端的接头不要碰触在一起，以防短路。

⑤ 仪器的线路连接好并检查无误后再接通电源。在仪器使用过程中，若发现有不正常的声响、局部温度过高或闻到绝缘漆受热产生的焦味，应立即切断电源，并报告教师进行检查。

⑥ 若遇到电线起火，要立即切断电源，用沙子或二氧化碳、四氯化碳灭火器进行灭火，禁止用水或泡沫灭火器等导电液体灭火。

⑦ 若遇到有人触电，应迅速切断电源，然后进行抢救。

⑧ 实验结束后，先切断电源再拆线路。

1.2.2　化学药品的安全使用与防护

实验室里所用的化学药品，很多是对人体有毒的，它们对人体的毒害途径和程度各不相同。有些毒物可由多种途径（如呼吸道、消化道和皮肤）进入人体，而有些毒物对人体的毒害是慢性的、积累性的，因此使用时必须加以足够的重视。在物理化学实验中尽可能选择无毒或低毒的试剂代替毒性大的试剂。化学药品在使用过程中，要采用以下防护措施。

① 防毒　实验前要充分了解所用化学药品的毒性及防护措施。对于有毒气体和有毒易挥发的药品应在通风橱中进行操作；对于能透过皮肤进入人体内的液体药品，操作时要戴上橡胶手套，避免与皮肤接触；剧毒药品要妥善保管，使用时要特别小心；禁止在实验室内喝水、吃东西；实验完毕要及时洗手。

② 防爆　可燃气体与空气混合，当两者比例达到爆炸极限时，受到热源的诱发会引起爆炸。使用可燃性气体时，要防止气体逸出，室内通风要良好；操作大量可燃性气体时，严禁同时使用明火，要防止产生电火花及其他撞击火花；有些药品如叠氮铝、乙炔银、乙炔铜、高氯酸盐和过氧化物等受震和受热都易引起爆炸，使用要特别小心；严禁将强氧化剂和强还原剂放在一起；对于容易引起爆炸的实验，应配备防爆措施。

③ 防火　许多有机溶剂如乙醚、丙酮、乙醇、苯等非常容易燃烧，使用时室内不能有明火、电火花等。实验室内不可存放过多此类化学药品，使用后要及时回收处理，不可倒入下水道，以免聚集引发火灾。有些物质如磷、钠、钾、电石及金属氢化物等，在空气中易氧化自燃。还有一些金属如铁、锌、铝等粉末，由于比表面积大也易在空气中氧化自燃，这些物质要隔绝空气保存，使用时要特别小心。

实验室中如果着火不要惊慌，应根据实际情况进行灭火。常用的灭火剂有水、沙、二氧化碳灭火器、四氯化碳灭火器、泡沫灭火器和干粉灭火器等，可根据起火的原因选择使用。以下几种情况不能用水灭火：钠、钾、镁、铝粉、电石、过氧化钠着火，要用干沙灭火；对于比水轻的易燃液体，如汽油、苯、丙酮等着火，使用泡沫灭火器灭火；对于有灼烧的金属或熔融物的地方着火时，应用干沙或干粉灭火器灭火；遇到电器设备或带电系统着火，用二氧化碳灭火器或四氯化碳灭火器进行灭火。

④ 防止灼伤　强酸、强碱、强氧化剂、溴、磷、钠、钾、苯酚、冰醋酸等都会腐蚀皮肤，特别要防止溅入眼内。液氮、干冰等低温物质也会严重灼伤皮肤，使用时要十分小心，万一灼伤应及时处理并送医院治疗。

1.2.3　汞的安全使用

物理化学实验会用到气压计和水银温度计等含有汞的仪器，使用时要避免汞中毒。汞中毒分为急性和慢性两种。急性中毒多为高汞盐（如 $HgCl_2$）入口所致，$0.1\sim0.3g$ 即可致人死亡。汞蒸气被吸入会引起慢性重金属中毒，症状有食欲不振、恶心、便秘、贫血、骨骼和关节疼及精神衰弱等。汞蒸气的最大安全浓度为 $0.1mg/m^3$，而 20℃时汞的饱和蒸气压为 $0.16Pa$，超过安全浓度 130 倍。因此，使用汞必须严格遵守以下操作规定：

① 储存汞的容器要用厚壁玻璃器皿或瓷器。用烧杯暂时盛汞，不可多装以防破裂。不可使汞直接暴露于空气中，盛汞的容器应密封保存。

② 若有汞滴掉落在桌上或地面上，先用吸汞管尽可能将汞珠收集起来，然后用硫黄粉撒在汞溅落的地方，并反复摩擦使之生成 HgS；也可使用 $KMnO_4$ 溶液覆盖使其氧化。

③ 盛汞器皿和含有汞的仪器要远离热源；有汞仪器严禁放进烘箱。

④ 使用汞的实验室应有良好的通风设备，手上若有伤口，切勿接触汞。

第2章 | 误差分析

数据测量是物理化学实验的基本内容。有些物理量可以直接测量,有些则需要间接方法测量。由于受测量仪器、实验原理、实验方法及实验环境条件等诸多因素的限制,测量值与实际值之间都存在着一定的差值,这个差值称为测量误差。数据测量中应尽量减少和校正实验误差,才能保证实验的准确性。

对结果的校正可以根据实验的误差要求选择最合适的仪器和试剂进行校正,也可以根据仪器和试剂的误差推算实验的误差进行校正。正确表达实验结果与实验本身具有同等重要的地位,只报告实验结果而不能同时指出结果不确定程度的实验是没有价值的,因此正确理解误差的概念极为重要。

2.1 测量方法

2.1.1 直接测量

将被测量直接与同一类量进行比较,用测量数据直接表达测量结果的方法称为直接测量。

直接测量又可分为直接读数法和比较法。直接读数法如用米尺量长度、秒表测时间、温度计测量温度、压力表测压强等;比较法如对消法测电动势、电桥法测电阻、天平称质量等。

2.1.2 间接测量

有若干直接测定的数据,依据一定的理论,运用某种公式计算才能得到测量结果的方法称为间接测量。

绝大多数物理量的数值是经过间接测量的方法获得的。例如黏度法测高聚物的相对分子质量、光度法测丙酮碘化反应的速率方程、旋光法测蔗糖转化反应的速率常数、电动势法测化学反应的热力学函数等。

2.2 误差的分类

由于仪器不准、方法不完善及各种因素的影响,一切实际测量值与真实值之间存在一个差值,称为测量误差:$\Delta = |测量值 - 真值|$。

由于经过运算等传递,会间接引起被测量产生误差,此谓误差传递。物理化学实验中,往往有很多量需要测量,由于误差传递,最后导致所需结果产生一定的误差。可以通过计算，寻找某一量的测量误差对最终结果的影响。

2.2.1 系统误差

系统误差是由于某些固定不变的因素引起的，这些因素影响的结果永远朝着一个方向偏移，其大小及符号在同一组实验测量中完全相同。当实验条件一经确定，系统误差就是一个客观上的恒定值，多次测量的平均值也不能减弱其影响。系统误差随实验条件的改变按一定的规律变化，因此系统误差的大小直接关系到测量结果的准确度。

产生系统误差的原因有以下几个方面：

① 测量仪器　如仪器设计上的缺点、刻度不准、仪表未进行校正或标准表本身存在偏差、安装不正确等；

② 环境因素　如外界温度、湿度、压力等引起的误差；

③ 测量方法　如近似的测量方法或近似的计算公式等引起的误差；

④ 测量人员的习惯或动态测量时的滞后现象　如读数偏高或偏低所引起的误差等。

可以针对以上具体情况，分别改进仪器和实验装置，以提高测试技能，对系统误差予以校正。

2.2.2 随机误差

随机误差是由于某些不易控制的因素造成的，如最小分度后的估计值，每次读取数值都存在一定误差。随机误差直接影响测量结果的精密度。

在相同条件下做多次测量，误差数值是不确定的，没有确定的规律，这类误差称为随机误差或偶然误差。这类误差产生的原因不明，因而无法控制或补偿。

若对某一值进行足够多次的等精度测量，就会发现随机误差服从统计规律，这种规律可用正态分布曲线表示，横坐标为多次测量的标准误差 σ（均方根误差），纵坐标为各随机误差出现的次数 N，即测定值的概率密度，见图 2.1。

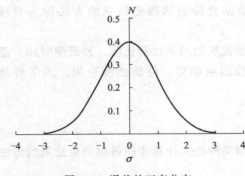

图 2.1 误差的正态分布

正态分布具有以下特点：

① 正态分布曲线对称，以平均值为中心。

② 当 x 为平均值时，曲线处于最高点；当 x 向左右偏离时，曲线逐渐降低，整个曲线呈中间高、两边低的形状。

③ 总测量曲线与横坐标轴所围成的面积等于 1 个单位面积。

随着测量次数的增加，随机误差的算术平均值趋于零，所以，多次测量结果的算术平均值将更接近于真值。

2.2.3 过失误差

过失误差是一种与实际事实明显不符的误差，过失误差明显地歪曲实验结果。误差值可能很大，且无一定的规律。其中一个主要原因是实验人员粗心大意、操作不当造成的，如读错数据、记录错误或计算错误、操作失误等。过失误差在实验中是不允许发生的，按照严格的操作规程是完全可以避免的。

存在过失误差的观测值在整理实验数据时应该剔除。最好的实验结果应该仅含偶然误差。

　　在一组条件完全相同的重复实验中，个别的测量值可能会出现异常。如测量值过大或过小，这些过大或过小的测量数据是不正常的，或称为可疑的。对于这些数据应当用数据统计的方法决定取舍。

2.3　精密度和准确度

　　测量的质量和水平可以用误差的概念来描述，也可以用准确度来描述。为了指明误差来源和性质，可分为精密度和准确度。

　　精密度：在测量中所测得的数据重现性的程度。它可以反映随机误差的影响程度，随机误差小，则精密度高。

　　准确度：测量值与真值之间的符合程度。它反映了测量中所有系统误差和随机误差的综合。

　　图 2.2 形象地给出了精密度和准确度的示意图。其中，图 2.2(a) 的精密度、准确度都不好；图 2.2(b) 的精密度很好，但准确度不好；图 2.2(c) 的精密度和准确度都很好。

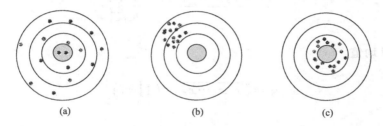

(a)　　　　　　　　　　(b)　　　　　　　　　　(c)

图 2.2　精密度和准确度示意图

2.4　误差的定义及表示法

　　根据误差表示方法的不同，分为绝对误差和相对误差。

2.4.1　绝对误差

　　绝对误差是指实测值与真值之差，即

绝对误差＝测量值－真值

　　对于多次测量的结果，常使用平均偏差的概念：

$$\overline{d} = \frac{\sum_{i=1}^{n} |X_i - \overline{X}|}{n}$$

　　绝对误差能表示测量的数值是偏大还是偏小以及偏离程度，但不能确切地表示测量所达到的准确程度。

2.4.2　相对误差

　　相对误差是指绝对误差与被测量真值的比值。

　　同样对于多次测量，则使用相对平均偏差的概念：

$$d = \frac{\overline{d}}{\overline{X}} \times 100\%$$

相对误差不仅表示测量的绝对误差，而且能反映出测量时所达到的精度。

2.4.3 标准误差

用数理统计方法处理实验数据时，常用标准误差（均方根误差）来衡量精密度，标准误差 σ 为：

$$\sigma = \sqrt{\frac{\sum\limits_{i=1}^{n}(X_i - \overline{X})^2}{n-1}}$$

2.5 几种常用的平均值

设 x_1、x_2、$\cdots$、x_n 为各次的测量值，n 代表测量次数。

2.5.1 算术平均值

$$\overline{x} = \frac{x_1 + x_2 + \cdots + x_n}{n} = \frac{1}{n}\sum_{i=1}^{n} x_i$$

2.5.2 几何平均值

$$\overline{x}_{几何} = \sqrt[n]{x_1 x_2 \cdots x_n} = \left(\prod_{i=1}^{n} x_i\right)^{1/n}$$

2.5.3 均方根平均值

$$\overline{x}_{均方} = \sqrt{\frac{x_1^2 + x_2^2 + \cdots + x_n^2}{n}} = \sqrt{\frac{1}{n}\sum_{i=1}^{n} x_i^2}$$

2.5.4 加权平均值

实验中各次的测量值对平均值的贡献是不相等的，而是看比重的多少。

$$\overline{x}_{加权} = \frac{k_1 x_1 + k_2 x_2 + \cdots + k_n x_n}{k_1 + k_2 + \cdots + k_n} = \sum_{i=1}^{n} k_i x_i \Big/ \sum_{i=1}^{n} k_i$$

2.6 误差分析

在物理化学实验数据测定工作中，绝大多数物理量需要进行间接测量。在间接测量中，每一个直接测量的结果的准确度都会影响最后结果的准确性，这种影响称为误差传递。

通过误差传递分析，可以查明直接测量的误差对结果的影响情况，从而找出误差的主要来源，以便于选择适当的实验方法，合理配置仪器，寻求最佳测量条件。

2.6.1 平均误差的传递

考虑到最不利因素的正负误差不能抵消，从而引起误差积累，所以计算式中各直接测定量的误差均取绝对值，因而所得到的误差是最大可能的误差。

平均误差传递公式的推导采用求函数全微分，再将各自变量的微分用误差代替，并将各项取绝对值的方法进行。

设某间接测定量 y 与直接测定量 x_1、x_2、$\cdots$、x_n 之间有如下关系：

$$y = f(x_1, x_2, \cdots, x_n)$$

对该函数求全微分得

$$\mathrm{d}y = \left(\frac{\partial f}{\partial x_1}\right)_{x_2, x_3, \cdots, x_n} \mathrm{d}x_1 + \left(\frac{\partial f}{\partial x_2}\right)_{x_1, x_3, x_4, \cdots, x_n} \mathrm{d}x_2 + \cdots + \left(\frac{\partial f}{\partial x_n}\right)_{x_1, x_2, \cdots, x_{n-1}} \mathrm{d}x_n$$

当误差足够小时，将各自变量的微分用误差代替，略去下标，再根据误差理论即可得到平均误差传递的计算公式：

$$\Delta y = \pm \left(\left| \frac{\partial f}{\partial x_1} \Delta x_1 \right| + \left| \frac{\partial f}{\partial x_2} \Delta x_2 \right| + \cdots + \left| \frac{\partial f}{\partial x_n} \Delta x_n \right| \right) = \pm \sum_{i=1}^{n} \left| \frac{\partial f}{\partial x_i} \Delta x_i \right|$$

2.6.2 标准误差的传递

若各被测量 x_1、x_2、$\cdots$、x_n 的标准误差分别为 σ_{x_1}，σ_{x_2}，$\cdots$，σ_{x_n}，则间接测定量 y 的标准误差为

$$\sigma_y = \left[\left(\frac{\partial f}{\partial x_1}\right)^2 \sigma_{x_1}^2 + \left(\frac{\partial f}{\partial x_2}\right)^2 \sigma_{x_2}^2 + \cdots + \left(\frac{\partial f}{\partial x_n}\right)^2 \sigma_{x_n}^2 \right]^{1/2} = \left[\sum_{i=1}^{n} \left(\frac{\partial f}{\partial x_i}\right)^2 \sigma_{x_i}^2 \right]^{1/2}$$

标准误差的计算相对于平均误差的计算过程较为复杂，因此，实际使用过程中多采用由平均误差表示的误差传递公式。

几种常见函数平均值误差传递公式如表 2.1 所示。

表 2.1 常见函数误差传递公式

函数关系	绝对平均误差	相对平均误差	绝对标准误差	相对标准误差
$U = x \pm y$	$\pm(\|\mathrm{d}x\| + \|\mathrm{d}y\|)$	$\pm\left(\dfrac{\|\mathrm{d}x\| + \|\mathrm{d}y\|}{x \pm y}\right)$	$\pm\sqrt{\sigma_x^2 + \sigma_y^2}$	$\pm\left(\dfrac{1}{\|x \pm y\|}\sqrt{\sigma_x^2 + \sigma_y^2}\right)$
$U = xy$	$\pm(y\|\mathrm{d}x\| + x\|\mathrm{d}y\|)$	$\pm\left(\dfrac{\|\mathrm{d}x\|}{x} + \dfrac{\|\mathrm{d}y\|}{y}\right)$	$\pm\sqrt{y^2\sigma_x^2 + x^2\sigma_y^2}$	$\pm\sqrt{\dfrac{\sigma_x^2}{x^2} + \dfrac{\sigma_y^2}{y^2}}$
$U = x/y$	$\pm\dfrac{y\|\mathrm{d}x\| + x\|\mathrm{d}y\|}{y^2}$	$\pm\left(\dfrac{\|\mathrm{d}x\|}{x} + \dfrac{\|\mathrm{d}y\|}{y}\right)$	$\pm\left(\dfrac{1}{y}\sqrt{\sigma_x^2 + \dfrac{x^2}{y^2}\sigma_y^2}\right)$	$\pm\sqrt{\dfrac{\sigma_x^2}{x^2} + \dfrac{\sigma_y^2}{y^2}}$
$U = x^n$	$\pm(nx^{n-1}\mathrm{d}x)$	$\pm\left(n\dfrac{\mathrm{d}x}{x}\right)$	$\pm(nx^{n-1}\sigma_x)$	$\pm\left(\dfrac{n}{x}\sigma_x\right)$
$U = \ln x$	$\pm\dfrac{\mathrm{d}x}{x}$	$\pm\dfrac{\mathrm{d}x}{x\ln x}$	$\pm\dfrac{\sigma_x}{x}$	$\pm\dfrac{\sigma_x}{x\ln x}$

2.7 有效数字的表达与运算

根据误差理论可知，任何数据的准确度都是有限的，只能用一定形式的近似度来表达。因此，测量结果经过数值计算得到的最终值的准确度就不会超过原始测量值的准确度，这就要考虑测量数据的正确表达和有效数字的正确运算问题。

2.7.1 有效数字的表达

有效数字是指测量中实际能测量到的数字，它包括测量中全部准确数字与一位估计

数字。

有关有效数字的表达方法如下：

① 误差一般只取一位有效数字，最多两位。

② 任何一个物理量的数据，其有效数字的最后一位在位数上应与误差的最后一位一致。例如，1.35±0.01 是正确的，若写成 1.350±0.01 或者 1.3±0.01 则意义不明确。

③ 为了明确地表示有效数字，凡用"0"表示小数点位置的，通常用乘 10 的相当幂次表示。例如，0.00312 应写成 3.12×10^{-3}。对于 15800 这样的数，若实际测量只取三位有效数字，则应写成 1.58×10^4；若实际测量取四位有效数字，则应写成 1.580×10^4。

④ 有效数字的位数越多，数值的精确度越大，相对误差越小。例如，长度（1.35±0.01）m 表示有三位有效数字，相对误差为 0.7%；若长度为 (1.3500±0.0001)m，则表示有五位有效数字，相对误差为 0.007%。

2.7.2 有效数字的运算

根据运算符的不同，有效数字的取舍各异。

① 若第一位数字大于或者等于 8，其有效数字位数可多算一位，如 9.58 有效数字位数可算作 4 位。

② 采用"四舍六入逢五尾留双"的原则。例如将数据 9.435 和 4.685 取三位有效数字，根据上述原则，应分别取为 9.44 和 4.68。

③ 在加减运算中，各数值小数点后所取位数以其中小数点后的位数最小者为准。例如：
$$9.514 + 2.094354 = 9.514 + 2.094 = 11.608$$

④ 在乘除运算中，各数保留的有效数字应以其中有效数字最小者为准。例如：
$$3.14289 \times 294.2 \div 1.73205 = 3.143 \times 294.2 \div 1.732 = 533.9$$

⑤ 在对数运算中，运算结果的尾数部分（小数部分）的位数应与原取对数的真数的有效位数相同，例如：
$$\lg(2.587 \times 10^{12}) = 12.4128$$
$$\ln(1.42 \times 10^{-5}) = -11.162$$

⑥ 在乘方和开方运算中，结果可多保留一位。

⑦ 在计算过程中，常数 π、e、F 和某些取自手册的常数不受上述规则限制，根据实际需要任意选取。

第3章 数据处理

3.1 Excel 软件在数据处理中的应用

目前，计算机已经相当普及，用计算机处理实验数据和作图的软件很多。在实验报告中，数据处理及作图一般用 Office 套装软件中的电子表格软件 Excel，亦可用专业作图软件如 Origin。Excel 比较适用于制作统计图，用于制作科技曲线时相对差些。Origin 作图能力较强，但缺乏数据运算能力，需与 Excel 配合完成数据处理，使用时需要一些技巧。本节以 Excel 2007 版为例并配以"异丙醇饱和蒸气压实验"的数据处理来介绍 Excel 软件在物理化学实验数据处理中的基本应用。

3.1.1 Excel 的基本知识

点开进入 Excel 软件后，出现一个二维表格，其中列的编号从字母 A 开始，行的编号从数字 1 开始。表格中一个单元可以输入数值、文本、数学表达式等。软件默认情况下，Excel 中文字格式为左对齐，数值为右对齐（图 3.1），数学表达式显示出计算结果。上述格式都可以根据需要改变，可以利用选择性粘贴来选择数值或者表达式，对写有数学表达式的单元格进行一般的复制粘贴结果仍为数学表达式，而不是其计算的结果。

	A	B
1	室温	288 K
2	T/K	系统压力/kPa
3	298.15	91.5
4	303.15	88.96
5	308.15	86.34
6	313.15	82.87
7	318.15	79.6
8	323.15	72.81
9	328.15	67.72
10	333.15	58.21

图 3.1 Excel 默认输入
文本格式

数学表达式以"等号"开始；可用加、减、乘、除、幂、圆括号等运算符，对应符号分别为 ＋、－、＊、/、∧、（ ）；亦可用常见的数学函数如自然对数 ln，常用对数 log 或 log10（注意：许多软件中 ln 和 log10 均不能用，只能用 log 表示自然对数），自然指数 exp，三角函数 sin、cos 和 tan，反三角函数 arcsin、arccos、arctan（注意：角度均为弧度），求和函数 sum 和平均函数 average 等函数［可单击插入函数图标 $f(x)$ 查看其余函数］。使用函数时一定要把数值或表达式用圆括号括起来，例如，输入计算 5 的自然对数，应输入"＝LN(5)"。

数学表达式中可用引用表格地址，即为列号和行号的组合，如 B4 表示第 B 列第 4 行的单元，AA15 表示第 AA 列第 15 行的单元。地址中列号或者行号前可加符号 $ 表示绝对地址，复制时表达式中的绝对地址单元格不变，而相对地址则根据粘贴后的表达式所在位置的变化而相应地变化。如图 3.2 所示（这里为了读者容易理解，列出的都是简单的可以直接算出答案的例子，以便验证），单元格 C2 到 F2 都输入的是 A2＋B2（1＋5）的公式，只不过表达式各不一样，C1 到 F1 分别是 C2 到 F2 的公式输入格式，分别把它们复制到了第 3 行和第 4 行，得到了不同的结果。比如把 D3 复制到 D4，其公式就从“＝＄A＄2＋B2”变成了“＝＄A＄2＋B3”，“＄”表示绝对地址不再变化。如果没有“＄”，单元格地址就是相对地址，复制时会随相对位置变化而变化。同理，一个单元格地址或者公式也可以写成“＄A2”或者“A＄2”，就是说行和列可以分开处理。理解这一点非常重要，这也是用于处理实验数据的关键技巧。

D2　　=＄A＄2+B2

	A	B	C	D	E	F
1			A2+B2	＄A＄2+B2	A2+＄B＄2	＄A＄2+＄B＄2
2	1	2	3	3	3	3
3	3	5	8	6	5	3
4	5	8	13	9	7	3
5						

图 3.2　单元格公式的输入

若函数中要引用不连续的若干单元格，可用逗号隔开；若要引用矩形连续区域的单元格，可在两对角单元格地址中间加冒号隔开。如图 3.3 所示，要在 F2 中求出图中阴影部分数字之和，可在 F2 单元格中输入“＝SUM（A2：C3，C5：E5）”。

F2　　=SUM(A2:C3,C5:E5)

	A	B	C	D	E	F
1						
2	12	16	8	14	11	166
3	26	21	18	15	20	
4	17	34	21	14	17	
5	21	13	26	15	24	
6						

图 3.3　Excel 求和公式应用

3.1.2　用 Excel 处理实验数据

(1) 数据计算

“异丙醇饱和蒸气压实验”用压力计测出系统压力，并记录实验时的室温和大气压。因此，某温度下水的饱和蒸气压可用下面公式计算：

饱和蒸气压＝大气压－系统压力

实验数据见图 3.4，实验记录的室温和大气压分别存放在单元格 B1 和 D1，实验温度放在了 A3：A10 中，系统压力放在对应的 B3：B10 中，待计算的饱和蒸气压 p、T^{-1}/K^{-1} 及 $\ln(p/Pa)$ 分别放入对应的 C、D、E 列。按以下步骤进行数据处理：

	A	B	C	D	E
1	室温	288 K	大气压	97.66 kPa	
2	T/K	系统压力/kPa	T^{-1}/K^{-1}	p/Pa	$\ln(p/Pa)$
3	298.15	91.5			
4	303.15	88.96			
5	308.15	86.34			
6	313.15	82.87			
7	318.15	79.6			
8	323.15	72.81			
9	328.15	67.72			
10	333.15	58.21			

图 3.4　输入的实验数据

① 计算 T^{-1}/K^{-1}：C3 单元格中输入表达式"＝1/A3"；

② 计算蒸气压：D3 单元格中输入表达式"＝97660－B3＊1000"；

③ 计算 $\ln(p/\text{Pa})$：E3 单元格中输入表达式"＝LN(D3)"；

④ 计算其他组实验数据的相关值：用鼠标选中单元格 C3 到 E3 区域；执行复制命令，复制域闪动；然后再选中 C4 到 E10 的矩形区域；执行粘贴命令，则闪动区域内的公式被复制到选中的区域中，或者选中 C3 到 E3 后，把鼠标光标移动到选中区域的右下角处，这时鼠标光标会从大十字框✥变成一个小黑十字✚，然后按下鼠标左键不动向下拖动到第 10 行然后松开，亦可完成复制粘贴工作，结果如图 3.5 所示。

	A	B	C	D	E
1	室温	288 K	大气压	97.66 kPa	
2	T/K	系统压力/kPa	T^{-1}/K^{-1}	p/Pa	$\ln(p/\text{Pa})$
3	298.15	91.5	0.003354	6160	8.725832
4	303.15	88.96	0.003299	8700	9.071078
5	308.15	86.34	0.003245	11320	9.334326
6	313.15	82.87	0.003193	14790	9.601707
7	318.15	79.6	0.003143	18060	9.801455
8	323.15	72.81	0.003095	24850	10.12061
9	328.15	67.72	0.003047	29940	10.30695
10	333.15	58.21	0.003002	39450	10.58279

图 3.5 数据计算结果

（2）输出数据格式调整

Excel 在数据处理中用到最多的菜单栏工具是"对齐方式"，点击其下拉菜单如图 3.6 所示，会出现如图 3.7 的对话框。

在这个对话框里面主要用到"数字""对齐""字体""边框"这四栏。

① "数字" 在"数字"一栏里有如图 3.8 所示的一系列项目，一般情况下单元格文本的格式都是"常规"，可以根据不同的需要来选择不同的格式。如需调整输入数据小数部分的位数，可在"数值"里进行调整。

图 3.6 "对齐方式"菜单栏

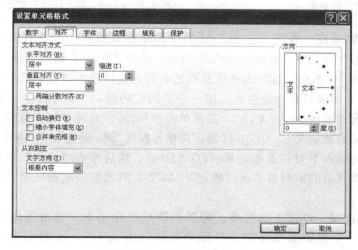

图 3.7 Excel"对齐方式"对话框

若要在单元格里面输入一些特殊格式的文本，如输入以"0"开头的序号数字之类的文本，如"099"，直接输入只会显示"99"，把单元格格式改成"文本"，单元格显示的内容就会与输入的内容完全一致，此时就显示"099"。

若要使用科学记数，格式改成"科学记数"即可。

② "对齐"　如图 3.7 所示在"对齐"对话框中可以调整单元格内容的对齐方式及文本的自动换行，一般制表时表头的单元格都需要合并居中，选中对话框里的"合并单元格"即可。

③ "字体"　这一栏可以调整字体的格式、大小和颜色，以及上下标。

④ "边框"　这一栏可以根据需要来为表格加边框，并调整边框线条的线型。

3.1.3　用 Excel 做曲线图

以图 3.5 的数据为例，做 p-T 曲线图的步骤如下。

① 选择图表类型　单击"图表向导"图标 或选择"插入/图表"菜单命令（图 3.9），在出现的对话框里面选择"XY（散点图）"，并选择"带平滑线和数据标记的散点图"，然后单击"确定"，此时会有图表出现。但由于表格中数据较多，需要选择图表数据源。

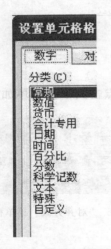

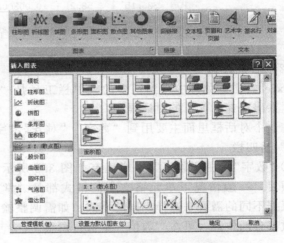

图 3.8　"数字"对话框　　　　　　　　图 3.9　Excel"插入图表"对话框

② 选择图表数据源　在图表空白区域单击鼠标右键选择"选择数据" ，出现"选择数据源"对话框，如图 3.10(a) 所示，然后选中一个系列选择"编辑"，弹出如图 3.10(b) 对话框，"系列名称"为所做曲线的名称，直接输入"p/Pa"，或者单击按钮 在表格中选中 D2，如果只有一条曲线（即一个系列）的话，"系列名称"也可以不写；"X 轴系列值"输入数据范围"C3：C10"，或者单击按钮 ，此时"编辑数据系列"对话框变成一行，可用鼠标拖动定义 C3：C10 区域，再单击按钮 ，即完成 X 轴数据的定义；相类似，用同样的方法输入 Y 轴的数据范围"D3：D10"，然后单击"确定"返回到"选择数据源"对话框，删除其余的系列再单击"确定"（如果在插入图表之前已选定了数据范围，则此步骤可以省略）。

③ 选择图表选项　经过上面两步，需要的图形已经出来，单击菜单栏"设计"，"图表布局"单击第一个布局给图表加上坐标轴名称（图 3.11），这时图表的基本要素就齐全了。

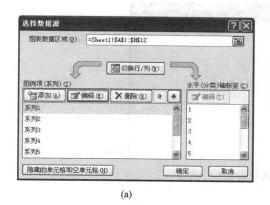

(a)

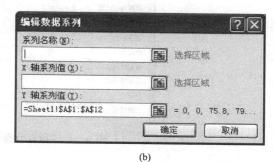

(b)

图 3.10 Excel 插入图表"选择数据源"对话框

④ 图形的修改 图表的每一项都可以修改，包括文字格式、坐标轴格式、曲线格式，还有整个图表。

文字格式：双击图表、坐标轴名称可以直接进行修改，单击选中图表中的任何文字包括坐标轴刻度，可以在"字体"菜单栏修改文字格式、大小、颜色及背景等（图 3.12）。

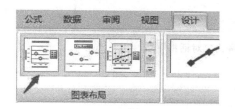

图 3.11 图表布局

图 3.12 "字体"菜单栏

坐标轴格式：在坐标轴右击弹出下拉菜单中，单击"设置坐标轴格式"，如图 3.13 所示。"坐标轴选项"一栏可以设置坐标轴的最大最小值、主次要刻度单位、坐标轴刻度的形式及纵横坐标轴交叉点；"数字"一栏设置坐标轴刻度的数字格式，如保留小数点位数等（同 3.1.2）；"填充"一栏设置坐标轴的背景；"线条颜色"和"线型"根据实际需要设置合适的坐标轴颜色、线型。

曲线格式：选中图表中曲线，右击单击"设置数据系列格式"出现如图 3.14 所示的对话框，可以设置曲线、标记的颜色线型。

图表格式：在图表外围空白处右击弹出的下拉菜单中，单击"设置图表区域格式"，出现如图 3.15 所示的对话框，设置整个图表的边框背景等，读者可自行研究。

最后得到的图形见图 3.16。

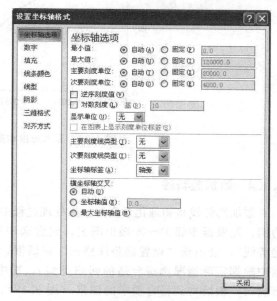

图 3.13 "设置坐标轴格式"对话框

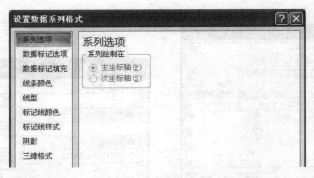

图 3.14 "设置数据系列格式"对话框

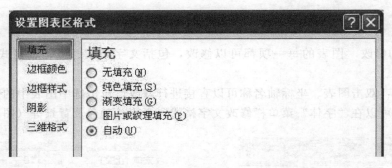

图 3.15 "设置图表区格式"对话框

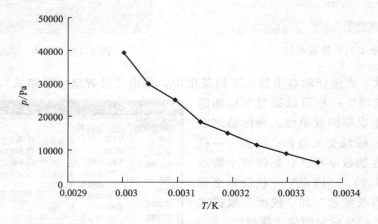

图 3.16 异丙醇饱和蒸气压和温度 p-T 图

3.1.4 添加趋势线

添加趋势线是物理化学实验数据处理过程中很重要的一环,在这里以 $\ln(p/\text{Pa})$-T^{-1}/K^{-1} 为例,先根据步骤①~③做出图表。然后选中图中曲线右击出现图 3.17 所示,单击"添加趋势线",会出现"设置趋势线格式"对话框,在此图中"回归类型"选择"线性"(其他数据中根据实际情况选择合适的回归类型),选中"显示公式"和"显示 R 平方值",然后单击确定,最后得到符合要求的图形(图 3.18)。由其线性关系式可得到直线的斜率和截距,从而进行相关的数值计算。

最后得到异丙醇饱和蒸气压和温度的关系式为：

$$\ln p = -\frac{5145.8}{T} + 26.01$$

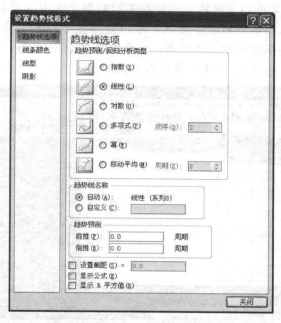

图 3.17　Excel "设置趋势线格式" 对话框

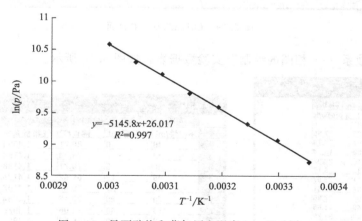

图 3.18　异丙醇饱和蒸气压和温度 $\ln p$-T^{-1} 图

3.2　Origin 软件在数据处理中的应用

　　Origin 数据表的功能与 Excel 极其相似，也有多种数据输入方法和单元格数据处理功能，但它具有比 Excel 更强的数据处理和绘图功能，诸如平滑、FFT 滤波、基线校正、多峰拟合及非线性拟合等众多强大功能。下面用 Origin7.0 版本并配以 "挥发性双液系 T-x 相图的绘制" 和 "溶液表面张力的测定" 两个实验的数据处理为例，做简要介绍。

　　先以 "挥发性双液系 T-x 相图的绘制" 实验为例来介绍 Origin 的数据处理及绘图功能。

3.2.1 数据输入

打开 Origin，其界面如图 3.19 所示，Origin 数据输入一般有两种方式，第一种是在如图 3.19 所示 "Book1" 界面中直接输入，如有多列数据，选中一列右击然后单击 "Insert" 插入列；第二种是从已有的 Excel 中导入，单击菜单栏 "File" / "Open Excel"，在弹出 "打开" 的对话框中选中所需要的文件双击，在弹出的 "Open Excel" 对话框中选中 "Open as Origin Worksheet"，再单击 "OK" 即可打开文件。

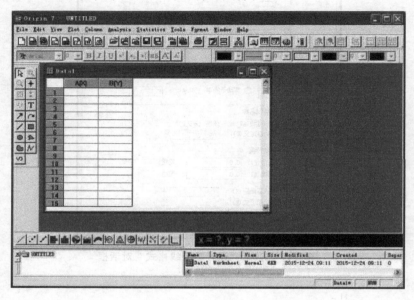

图 3.19　Origin7.0　主界面

"挥发性双液系 T-x 相图的绘制" 实验数据表，如图 3.20 所示。

(a)

	A[X]	C[Y]
	折光率 (15℃)	异丙醇 w/%
1	1.4283	0
2	1.423	7.85
3	1.4201	12.79
4	1.4188	15.54
5	1.415	22.02
6	1.4133	25.17
7	1.411	29.67
8	1.4097	32.61
9	1.407	37.85
10	1.4049	41.65
11	1.4003	51.72
12	1.3902	74.05
13	1.3793	100

(b)

	A[X]	B[Y]	C[Y]	D[Y]	F[Y]
	环己烷/mL	异丙醇/mL	沸点/℃	气相折光率	液相折光率
1	40	0	80.21	1.4304	1.4312
2	40	2	73.24	1.4154	1.429
3	40	5	70.71	1.4138	1.4239
4	40	13	69.52	1.4124	1.4153
5	40	21	69.48	1.4108	1.4089
6	40	40	70.15	1.4084	1.4
7	13	40	73.06	1.4028	1.3896
8	8	40	75.17	1.3984	1.387
9	5	40	77.06	1.395	1.3847
10	2	40	79.81	1.3878	1.3821
11	0	40	82.15	1.3807	1.3806

图 3.20　"挥发性双液系 T-x 相图的绘制" 数据表

3.2.2 数据处理

由于输入的原始数据均不能直接用来计算，需要进行转化。环己烷和异丙醇的绝对量要统一转化成异丙醇的质量分数，折射率也要转化成质量分数。所以首先要在需要转化的三列数据的右侧再插入一列。在 A 列右侧插入的是 F 列，右击 F 列的任一单元格，弹出下拉菜单对话框选中"Set Column Values"［图 3.21(a)］，出现如图 3.21(b) 所示对话框界面。在"Col(F) ="下面的大框中输入本列的计算公式，方法如下：按"Add Column"钮左侧下拉框中的"▼"钮，在其中找到"Col(B)"并单击，再按"Add Column"钮，Col(B)列即被加入到编辑窗口中，然后按照上述方法陆续输入。若已知函数形式，也可以在对话框里直接输入函数"Col(B)/(Col(A)＋Col(B)) * 100"。在"Row (i)"中输入 2 和12，按"OK"钮，在 F 列即出现全部转化成异丙醇质量分数的数据（由于环己烷和异丙醇的密度非常接近，几乎相等，所以这里计算异丙醇质量分数时直接用体积比）。

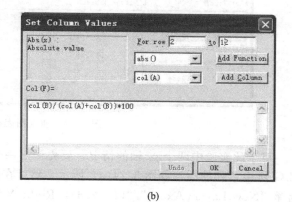

(a)　　　　　　　　　　　　　　　　　　　　(b)

图 3.21　Origin 编辑公式窗口

同理，在 D 列右侧添加一列 G，右击 G 列，单击"Set Column Values"，在弹出的对话框编辑栏中输入"2925.8－2051.4 * Col(D)"［此公式为折射率和异丙醇质量分数的关系式，由图 3.21(a) 中的数据通过线性拟合得出，拟合方法将会在第 4 小节"线性函数拟合"中说明］，并在"Row (i)"中输入 2 和12，单击"OK"，即可在 G 列显示出对应的异丙醇气相质量分数计算结果。同理，在 H 列计算出异丙醇的液相质量分数。然后把 G 列由 Y列改成 X 列，方法是右击指定列的列头，在弹出的菜单栏中选"Set As"／"X"即可。图3.22 为处理完后的数据表。

	A(X1)	B(Y1)	C(Y1)	D(Y1)	G(X2)	E(Y2)	H(X3)
	环己烷/mL	异丙醇/mL	沸点/℃	气相折光率	气相w%	液相折光率	液相w%
1							
2	40	0	80.21	1.4304	0	1.4312	0
3	40	2	73.24	1.4154	22.24844	1.429	22.24844
4	40	5	70.71	1.4138	25.53068	1.4239	25.53068
5	40	8	69.52	1.4124	28.40264	1.4153	28.40264
6	40	13	69.48	1.4108	31.68488	1.4089	31.68488
7	40	21	70.15	1.4084	36.60824	1.4	36.60824
8	13	40	73.06	1.4028	48.09608	1.3896	48.09608
9	8	40	75.17	1.3984	57.12224	1.387	57.12224
10	5	40	77.06	1.395	64.097	1.3847	64.097
11	2	40	79.81	1.3878	78.86708	1.3821	78.86708
12	0	40	82.15	1.3807	100	1.3806	100
13							
14							

图 3.22　"挥发性双液系 T-x 相图的绘制"处理数据表

3.2.3 Origin 软件绘图

此次实验中的绘图属于比较特殊的一种绘图，因为数据中有两个不同的 X 轴和一个 Y 轴，而一般绘图中会有一个 X 轴和一个或一个以上 Y 轴。对于这种情况，选中用于绘图的数据列，然后选择菜单栏"Plot"/"Line＋Symbol"项，或者直接单击界面下方状态栏 ✐ 作图按钮，两者都会弹出如图 3.23 所示界面，设置好 X 数据和相应的 Y 数据，单击确定，就会做出相应的曲线。

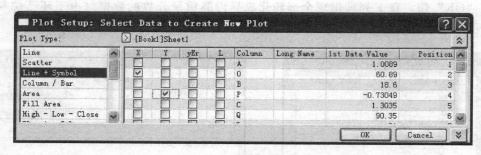

图 3.23　插入图表编辑对话框

对于此实验中两个 X 轴的情况，要先做出一个 X 轴和 Y 轴的图表。依据上述操作先做出 G 列和 C 列的图，如图 3.24(a) 所示。然后在图形外面的空白区域单击右键添加新图层，选择"New Layer(Axes)"/"(Linked)：Right Y"，如图 3.24(b) 所示，完成后出现如图 3.25(a) 所示界面。

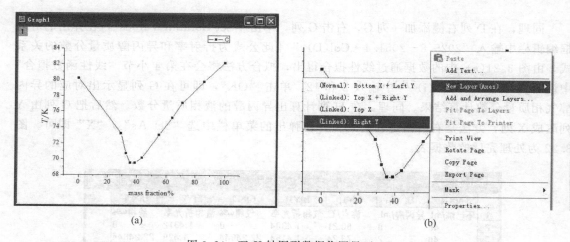

(a)　　　　　　　　　　　　　　　(b)

图 3.24　双 X 轴图形数据作图界面（1）

然后继续添加图形，在图层名称处右击，选择"Add/Remove Plot…"，如图 3.25(a) 所示。

接着进入如图 3.25(b) 所示的界面，选择"Plot Associations…"，进入图 3.26(a) 所示的界面，然后选择添加所需要绘制的曲线数据（X 轴为 H 列，Y 轴为 C 列），依次单击"OK"，就出现如图 3.26(b) 所示的图形界面。

此时，已经得到了所需的曲线图。下面还要对图形进行进一步的修改完善。

① 坐标轴及刻度　双击任一坐标轴可对选定的坐标轴进行编辑，包括字形、字体大小、

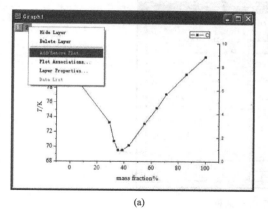

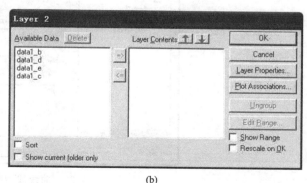

(a)　　　　　　　　　　　　　(b)

图 3.25　双 X 轴图形数据作图界面（2）

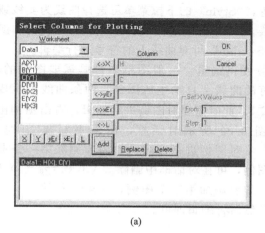

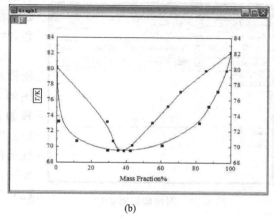

(a)

图 3.26　双 X 轴图形数据作图界面（3）

　　刻度。双击图 3.26(b) 中的横坐标，出现如图 3.27 所示的对话框。"Scale"项可对坐标轴的刻度做出修改；"Increment"为坐标轴刻度梯度，在此图中坐标轴上下限应为 0～100，刻度梯度设为 20 较为合适，在对话框中做出修改即可；"Tick Labels"项可对坐标轴的数字格式大小做出修改。此两项为最常用两项，其他选项学生可自行学习。

　　② 图形中的文字编辑　双击图形中的坐标轴名称即进入编辑状态，可输入所需内容并对文字格式及大小进行修改。如要在图形中输入文本，单击软件界面左侧工具栏中的文本输入按钮 T，可在图形任意区域输入文本。

　　③ 曲线编辑　双击图形中的曲线，出现如图 3.28 所示的对话框，在此对话框中可对图中曲线的线型等进行修改。图 3.28 左侧 "Layer" 为图层，图中所示表明此图的两条曲线分别在两个图层中。如图所示，

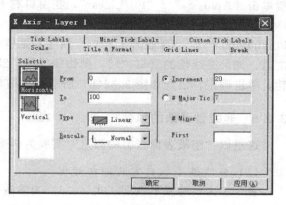

图 3.27　坐标轴编辑对话框

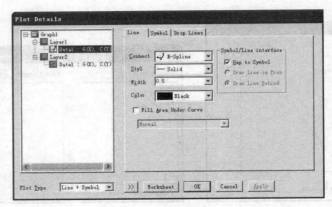

图 3.28　曲线线型编辑对话框

选中图层 1 中的曲线，"Line"为线型选项，"Connect"的下拉菜单可选择曲线为平滑曲线、

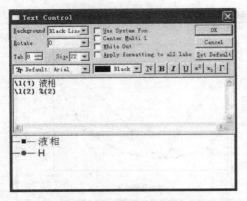

折线等，"Style"的下拉菜单可选择曲线为实线或是虚线，"Width"和"Color"分别为线宽和颜色，"Symbol"可对曲线上的符号进行编辑。

④ 图例编辑　一般图形中都是需要图例的，刚做好的曲线会自动生成图例，两条曲线可生成图例。此时需要对图例进行编辑，右击图例出现如图 3.29 所示对话框，编辑书写覆盖"％(1)"可对图例进行命名；如需要删除第一条曲线的图例，可在对话框中删除"\1 (1)％ (1)"即可，如要添加第三个图例，在第三行输入"\(3)"然后再编辑即可。

图 3.29　图例编辑对话框

3.2.4　线性函数的拟合

在物理化学实验的数据处理中，有很多呈线性关系的变量，对其实验数据进行拟合尤为重要，这里以"挥发性双液系 $T\text{-}x$ 相图的绘制"实验中异丙醇质量分数和折射率的关系为例来介绍 Origin 线性拟合功能。

线性拟合最简单的方法，是根据以上步骤做出异丙醇质量分数对折射率的散点图后，直接单击"Analysis"/"Fit Linear"，在窗口右下角会出现拟合的数据（图 3.30）。

还可以进行多项式的拟合，做出散点图（图 3.31），单击菜单栏"Analysis"/"Fit Polynomial…"，出现如图 3.32(a) 所示对话框，其中"Order"项为所需拟合多项式的最高次数，如果是线性的就写"1"，抛物线就写"2"，然后在"Show Formula on Graph?"处打钩，单击确定，出现如图 3.32(b) 所示最终结果。拟合公式自动显示在图中。

3.2.5　非线性函数的拟合

这里以"溶液表面张力的测定"实验为例来介绍 Origin 对曲线的非线性拟合功能。

（1）非线性函数自定义即初始化

表 3.1 为实验基本数据，式（3.1）为溶液表面张力与溶液浓度关系的希斯科夫经验公式，利用 Origin 软件来拟合公式里的未知参数。

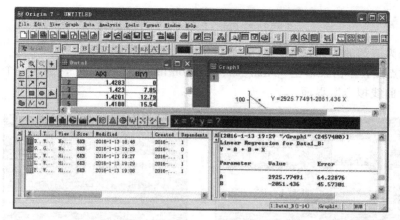

图 3.30　线性拟合结果窗口

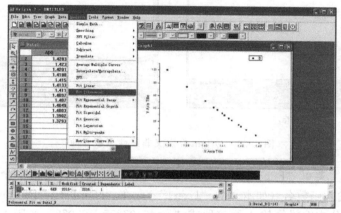

图 3.31　线性拟合的散点图

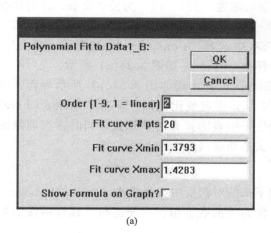

(a)

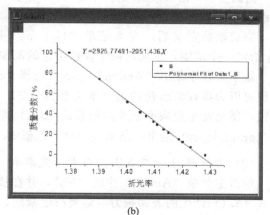

(b)

图 3.32　线性拟合界面及结果

表 3.1　正丁醇溶液表面张力测定实验数据

$c/(\text{mol/L})$	0.05	0.10	0.15	0.20	0.25	0.30	0.35
$\sigma_0/(\text{N/m})$	0.0625	0.0559	0.0511	0.0471	0.0439	0.0411	0.0388

注：实验温度为 20.0℃；$\sigma_0 = 0.07275\text{N/m}$。

$$\sigma = \sigma_0 - \sigma_0 \times b \times \ln\left(1 + \frac{c}{a}\right) \tag{3.1}$$

式中，σ_0 为溶剂的表面张力；a、b 为待定经验常数。

绘制出散点图，单击菜单栏"Analysis"/"Non-linear Curve Fit"，进入一个如图 3.33(a) 所示"非线性曲线拟合"界面。

 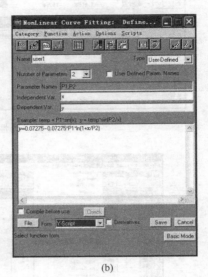

(a)　　　　　　　　　　　　　　　　(b)

图 3.33　Origin 自定义非线性函数界面

在该界面点开主菜单"Function"选项，执行"New"命令，新建一个用户自定义函数，在"Name"位置输入函数名（如本文的"User1"），在"Number of Parameters"处选择函数参数个数"2"，在公式编辑框输入函数形式"$y = 0.07275 - 0.07275 * P1 * \ln(1+x/P2)$"，"y"为因变量，溶液表面张力，"x"为自变量，溶液浓度，"P1、P2"为公式参数，在对话框下面"Form"选择"Y-Script"。

完成函数定义后，在主菜单"Options"选项中选择"Constrains"，给待定参数 P_1、P_2 给定一个范围，本文对两个参数给定的范围都是 [0，1]，如图 3.34(a) 所示。

接下来在主菜单"Action"选项中选择"Simulate"，出现如图 3.34(b) 所示界面。在这里可以为参数给出初始值（本文都为 0.5）并为 x 指定变化范围。单击"Create Curve"按钮，便会在给定浓度范围内根据式（3.1）产生一组表面张力的计算值，同时在当前绘图层（graph layer）绘出一条未经拟合的近似 σ-c 关系曲线（图 3.35）。

（2）非线性最小二乘法拟合求待定参数

单击主菜单"Action"中的"Fit"，并在接下来的对话框中选择单击"Active Dataset"，将式（3.1）产生的表面张力与溶液浓度激活，作为当前数据组，以便进行非线性曲线的最小二乘法拟合。此时出现如图 3.36 所示的界面。

依次单击"Chi-Sqr""1 Iter""100 Iter"按钮。

非线性最小二乘法拟合，是通过调节待定参数，使变量 y 的一组计算值与对应实验值之差的平方和最小，从而实现待定参数的求解。

单击"Chi-Sqr"，在对话框底部的消息框（view box）中显示当前待定参数值对应的偏差平方和。偏差平方和的数值在每一次迭代操作之后会自动更新。

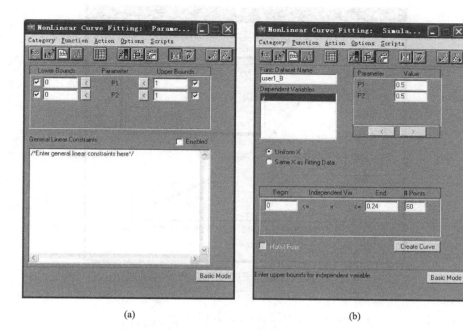

图 3.34　自变量范围及待定参数处置设定界面

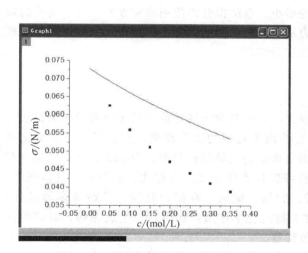

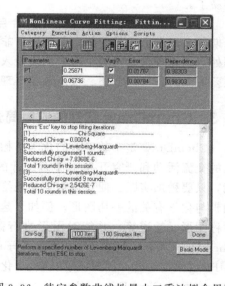

图 3.35　未经拟合的近似 σ-c 关系曲线　　图 3.36　待定参数非线性最小二乘法拟合界面

　　单击"1 Iter"，则执行一次 Levenberg-Marquardt（LM）迭代，新的待定参数便会显示在待定参数值文本框（text box）中。

　　单击"100 Iter"，则执行最多 100 次 LM 迭代。如果在 100 次迭代之前，程序已经"认识"到继续迭代不能使曲线拟合得到进一步的改善，便会终止迭代。

　　完成曲线拟合后，得到参数 P_1、P_2 的拟合值（P_1 为 0.25871，P_2 为 0.06736），结果如图 3.37 所示（未拟合之前的曲线可自行删除）。

　　由此可知该组实验数据所对应的表面张力与浓度之间的关系为：

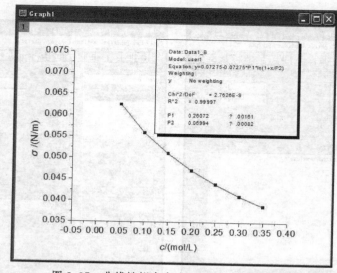

图 3.37　非线性拟合完成后溶液 σ-c 关系曲线

$$\sigma = \sigma_0 - 0.26072 \times \sigma_0 \times \ln\left(1 + \frac{c}{0.06994}\right) \tag{3.2}$$

在获得待定参数的拟合值后，用式（3.2）计算不同浓度溶液的表面张力吸附量就非常容易了。

因此，利用 Origin 的非线性拟合自定义函数功能，对表达溶液表面张力与浓度关系的希斯科夫经验公式中的待定参数进行非线性最小二乘法拟合的使用非常方便。对于实验的数据处理，物理化学实验工作者无须投入精力从事费时费力的编程工作，在大大减少数据处理误差的同时，可以方便、快速地获得理想的实验结果。

3.3　ChemDraw 软件的应用简介

ChemDraw 是一款专业的化学结构绘制工具，它是为辅助专业学科工作者及相关科技人员的交流活动和研究开发工作而设计的。它给出了直观的图形界面，开创了大量的变化功能，只要稍加实践，便可以很容易地绘制出高质量的化学结构图形。ChemDraw 可以建立和编辑与化学有关的一切图形。例如，建立和编辑各类化学式、方程式、结构式、立体图形、对称图形、轨道等，并能对图形进行翻转、旋转、缩放、存储、复制、粘贴等多种操作；ChemDraw Ultra 版本还可以预测分子的常见物理化学性质，如熔点、生成热等，对结构按 IUPAC 原则命名，预测质子及碳 13 化学位移等。

这里以 ChemDraw Ultra 版本为例来主要介绍其在物理化学实验中的一些应用。

3.3.1　软件基本知识

ChemDraw Ultra 的工作窗口如图 3.38 所示，未命名的"Document"窗口是主要的操作书写界面，"Tools"工具栏提供了很多书写编辑化学式的快捷方式。

图 3.39 为"Tools"工具栏里每一个符号代表的意义。在书写化学式时，可以用"实键"逐步编辑书写，也可以利用快捷按钮进行书写，如单击"Tools"工具栏中的六边形 ⬡ 按钮，光标在"Document"窗口中就会变成小六边形形状 ⬡，然后在图中单击左键就可画出环己烷的结构式。

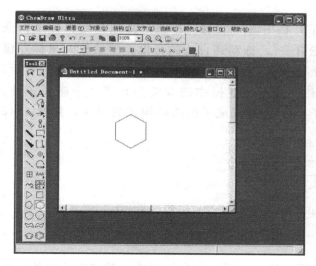

图 3.38　ChemDraw Ultra 的工作窗口界面

图 3.39　"Tools" 工具栏

在 "Tools" 栏中，有很多带有 "▶" 的按钮，表明其还有很多分类，如图 3.40 所示，表示 工具下有 "芳香化合物模板" 工具和 "玻璃仪器模板" 工具，也就是说 ChemDraw 除了化学分子结构式外还可以画简单的实验仪器装置图。

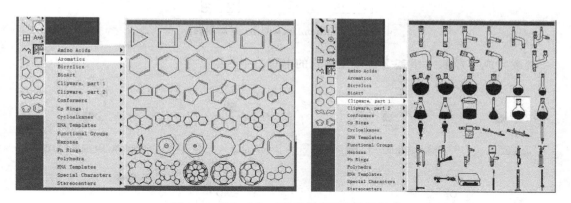

图 3.40　"Tools" 工具栏部分下拉菜单版面

3.3.2　书写化学结构式及方程式

这里以丙酮生成 4-羟基-4-甲基-2-戊酮的反应（图 3.41）为例简单介绍 ChemDraw 输入分子结构式的方法。

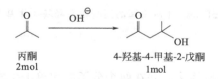

丙酮
2mol

4-羟基-4-甲基-2-戊酮
1mol

图 3.41　丙酮生成 4-羟基-4-甲基戊-2-酮反应式

（1）写出反应物的结构式

这里以丙酮为例，单击"Tools"工具栏中 ⬛ "实键"按钮，光标在编辑框里就变成 ✚ ，选取一个位置按下鼠标左键不松开 ╱⁺ ，拖动到合适的角度，然后松开鼠标左键 ╱ ，继续在已画出的实键位置重复上述操作，可画出简单的丙烷结构 ⋀ 。然后，单击"Tools"工具栏中 ⬛ "双键"按钮，依据上述操作把双键画在第二个碳原子处，在双键处双击生成文本框，输入氧原子"O"，就完成了丙酮结构式的书写，如图 3.42 所示。

图 3.42　ChemDraw Ultra 书写化学式界面

（2）写出产物的结构式

利用"Tools"工具栏中 ⬛ "蓬罩"可以选中一群、一个结构式或者结构式中的一部分，然后进行复制、拖动和缩放等操作，或选中后按住 Ctrl 键进行拖动复制，如图 3.43 所示。

图 3.43　ChemDraw Ultra 复制界面

继续完成 4-羟基-4-甲基-2-戊酮结构式的书写。

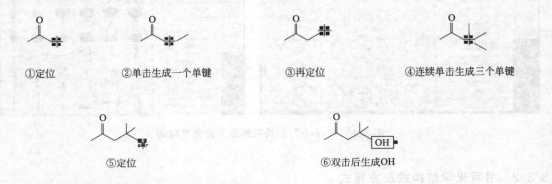

①定位　　　　②单击生成一个单键　　　　③再定位　　　　④连续单击生成三个单键

⑤定位　　　　　　　　　　⑥双击后生成OH

完成后的反应物和产物的结构式如图 3.44 所示。

图 3.44　ChemDraw Ultra 书写的丙酮和 4-羟基-4-甲基-2-戊酮结构式

（3）完成方程式的书写

在"Tools"栏里选择反应箭头，并在两个分子之间单击生成一个反应箭头。

在箭头上方输入文本框输入反应条件，当只输入"OH"的时候，"OH"的边框为红色，因为"OH"为阴离子带一个电荷，在其右上方输入"Tools"栏中的负电荷即可。

在分子下方建立文本框输入分子式文本信息。

如有必要的话也可以为方程式建立边框，选择"Tools"栏中的边框选项，如图 3.45 所示，最后写成的化学方程式如图 3.46 所示。

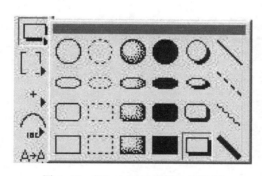

图 3.45 "Tools"工具栏边框选项

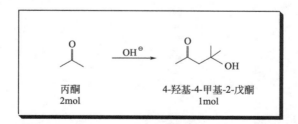

图 3.46 利用 ChemDraw Ultra 完成的丙酮生成 4-羟基-4-甲基-2-戊酮化学反应方程式

ChemDraw Ultra 还可以画常用的实验流程装置图，基本步骤和画结构式一样。

3.3.3 预测物质的物理化学性质

这里以异喹啉为例，读者可依据以上方法用 ChemDraw Ultra 自行画出其结构式，选中对象结构式后，单击菜单栏中"查看"/"化学性质窗口"，出现如图 3.47 所示窗口，窗口中显示了物质的沸点、熔点和临界参数等物化性质，可为使用者提供方便。

图 3.47　ChemDraw Ultra 预测物理化学性质窗口

第4章 | 化学热力学实验

实验一

纯液体饱和蒸气压的测定——静态法

建议实验学时数：4学时

一、 实验目的及要求

1. 明确纯液体饱和蒸气压的定义和气液两相平衡的概念，了解纯液体饱和蒸气压与温度的关系，即克劳修斯-克拉贝龙方程式（Clausius-Clapeyron）的意义。

2. 理解用静态法（等位法）测定纯液体饱和蒸气压的原理。

3. 学会用图解法求被测液体在实验温度范围内的平均摩尔汽化热与正常沸点。

二、 实验原理

1. 一定温度下，纯液体与其蒸气相达到平衡时蒸气的压力称为该温度下液体的饱和蒸气压。蒸发1mol纯液体所吸收的热量称为该温度下液体的摩尔汽化热。

液体的饱和蒸气压随温度的变化而变化。温度升高时，蒸气压增大；温度降低时，蒸气压降低，这主要与分子的动能有关。一定温度下，当液体的饱和蒸气压等于外界压力时，液体便沸腾，此时的温度称为沸点。外压不同时，液体沸点将相应地改变；当外压为常压，即101.325kPa时，液体沸腾的温度称为该液体的正常沸点。

2. 纯液体的饱和蒸气压与温度有关，它们的关系用克劳修斯-克拉贝龙方程式表示：

$$\frac{\mathrm{d}\ln p}{\mathrm{d}T} = \frac{\Delta_{\mathrm{vap}}H_{\mathrm{m}}}{RT^2} \tag{4.1}$$

式中，p 为纯液体在温度 T 时的饱和蒸气压；T 为热力学温度；$\Delta_{\mathrm{vap}}H_{\mathrm{m}}$ 为液体的摩尔汽化热；R 为摩尔气体常数。在温度变化较小的范围内，$\Delta_{\mathrm{vap}}H_{\mathrm{m}}$ 可以近似为常数，当作平均摩尔汽化热，积分上式得：

$$\ln p = -\frac{\Delta_{\mathrm{vap}}H_{\mathrm{m}}}{RT} + A \tag{4.2}$$

式中，A 为积分常数，与蒸气压力 p 的单位有关。由此式可以看出，以 $\ln p$ 对 $\frac{1}{T}$ 作图，得到一条直线，直线的斜率为 $-\dfrac{\Delta_{vap}H_m}{R}$，由斜率可以求出液体的平均摩尔汽化热 $\Delta_{vap}H_m$。

3. 测定液体饱和蒸气压的方法有动态法、静态法和饱和气流法等。本实验采用静态法，即被测液体放在一个密闭的体系中，在某一温度下，通过调节外压以平衡液体的蒸气压，然后通过读出外压数值就可以直接得到液体在该温度下的饱和蒸气压。此法一般适用于蒸气压比较大的液体。

实验所用仪器是纯液体饱和蒸气压测定装置，如图 4.1 所示。平衡管由 A 球和 U 形管 B、C 组成。等位计上接一冷凝管，以橡皮管与 DPCY-2C 型饱和蒸气压测压仪相连。A 内装待测液体。当 A 球的液面上纯粹是待测液体的蒸气（无空气），而 B 管与 C 管的液面处于同一水平时，则表示 C 管液面上的蒸气压（即 A 球液面上的蒸气压）与加在 B 管液面上的外压相等。用实验时的大气压加上真空压力计的读数（负值），即为该温度下液体的饱和蒸气压。此时，体系气液两相平衡的温度即为液体在此外压下的沸点。

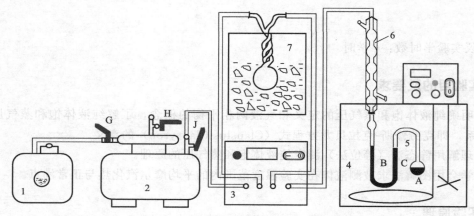

图 4.1　饱和蒸气压测定装置示意图

1—真空泵；2—真空稳压包；3—DPCY-2C 型饱和蒸气压测量仪；4—恒温水槽；5—等位计；
6—冷凝管；7—冷阱；G—抽气阀；H—进气阀；J—连通阀

三、 实验仪器与药品

1. 仪器：WYB-I 型真空稳压包（南京应用物理研究所）1 台；DPCY-2C 型饱和蒸气压教学实验仪（南京应用物理研究所）1 台；旋片真空泵 1 台；等位计 1 只；恒温水浴槽 1 台。

2. 药品：异丙醇（分析纯）。

四、 实验步骤

1. 等位计中装入异丙醇液体，液体的体积不超过 A 球体积的 2/3，U 形管 B 的双臂大部分有液体。然后，将等位计固定好。

2. 打开冷却水，开启 DPCY-2C 型饱和蒸气压教学实验仪的电源开关，系统通大气的情况下按数显压力计的"置零"键，使读数为 0。

3. 开启真空泵，2min 后开启抽气阀 G，关闭进气阀 H，使系统减压至压力计读数约为 -85kPa，关闭抽气阀 G。系统若在 5min 之内压力计读数基本不变，表明系统不漏气。若系统漏气，则压力计上的读数会逐渐变小，这时仔细分段检查，找出漏气的原因，处理直至不漏气为止，才可以进行下一步实验。

4. 开启玻璃恒温水浴电源开关，调节恒温水槽的搅拌速率，设定目标温度至 25.0℃，使水浴升温，待水浴温度升至 25.0℃后，继续恒温 5min。

5. 开启抽气阀 G，缓慢抽气，使 A 球中溶解于液体内的空气和 A、B 空间内的空气呈气泡状通过 B 管中的液体逐个排出。抽气至液体出现轻微沸腾，当气泡呈连续状时，可认为空气被排除干净，关闭抽气阀 G，停止抽气。

6. 然后开启进气阀 H，缓慢进气，使空气进入等位计，待 B 管双臂液面等高时，关闭进气阀 H，读取数显压力计的数值。平行测定三次，取平均值。

7. 按照 4～6 的步骤，再分别测定 30℃、35℃、40℃、45℃和 50℃时异丙醇的饱和蒸气压。

8. 实验完毕，断开电源，关闭冷却水，整理实验台。

五、 数据处理

1. 计算液体在不同温度时的饱和蒸气压 p^*，$p^* = p' - E$，p' 为室内大气压，E 为数显压力计的读数。

2. 将温度、饱和蒸气压数据绘制列表。

3. 采用 Origin 或 Excel 软件按表中的数据绘制平滑的 p-T 曲线和 $\lg p$-$1/T$ 直线图，用线性拟合的方法求出直线斜率，进而计算出实验温度范围异丙醇的平均摩尔汽化热和正常沸点，并与文献值比较。

六、 实验注意事项

1. 减压系统不能漏气，否则抽气时达不到本实验要求的真空度。

2. 实验过程中，必须充分排除净 A、B 之间弯管中的全部空气，使 B 管液面上空只含液体的蒸气。A、B 管必须放置于恒温水浴中的水面以下，否则其温度与水浴温度不同。

3. 抽气速率要合适，必须防止平衡管内液体沸腾过剧，致使 B 管内液体被抽干。

4. 整个实验过程中应控制放气速率，切不可放气太快，以免发生空气倒灌。如果发生倒灌，则必须重新抽气排出空气。

七、 思考题

1. 等位计 U 形管中的液体起什么作用？冷凝器起什么作用？

2. 开启进气阀放空气进入体系内时，放得过多应怎么办？实验过程中为什么要防止空气倒灌？

3. 真空稳压包的作用是什么？

4. 等位计的原理是什么？为什么要等到等位计两端的液面相平时才能记录压差值？

5. 本实验方法能否用于测定溶液的饱和蒸气压？

附录 4-1　饱和蒸气压测定方法简介

测量饱和蒸气压的方法主要有以下三种。

1. 动态法

当液体的蒸气压与外界压力相等时，液体就会沸腾，沸腾时的温度就是液体的沸点，即与沸点所对应的外界压力就是液体的蒸气压。若在不同的外压下，测定液体的沸点，从而得到液体在不同温度下的饱和蒸气压，这种方法叫做动态法。该法装置较简单，只需将一个带冷凝管的烧瓶与压力计及抽气系统连接起来即可。实验时，先将体系抽气至一定的真空度，测定此压力下液体的沸点，然后逐次往系统放进空气，增加外界压力，并测定其相应的沸点。只要仪器能承受一定的正压而不冲出，动态法也可以用在 101.325kPa 以上压力下的实验。动态法较适用于高沸点液体蒸气压的测定。

2. 饱和气流法

在一定的温度和压力下，使一定体积的空气或惰性气体以缓慢的速率通过一个易挥发的待测液体，使气体被待测液体的蒸气所饱和。分析混合气体中各组分的量以及总压，再按道尔顿分压定律求算混合气体中蒸气的分压，即是该液体在此温度下的蒸气压。此法一般适用于蒸气压比较小的液体。饱和气流法的缺点是不易获得真正的饱和状态，导致实验值往往偏低。

3. 静态法

把待测物质放在一个封闭体系中，在不同的温度下直接测量蒸气压。它要求体系内无杂质气体。此法适用于固体加热分解平衡压力的测量和易挥发液体饱和蒸气压的测量，准确性较高，通常是用平衡管（又称等位计）进行测定的。平衡管由一个球管与一个 U 形管连接而成，待测物质置于球管内，U 形管中放置被测液体，将平衡管和抽气系统、压力计连接。在一定温度下，当 U 形管中的液面在同一水平时，表明 U 形管两臂液面上方的压力相等，记下此时的温度和压力，则压力计的示值就是该温度下液体的饱和蒸气压，或者说，所测温度就是该压力下的沸点。可见，利用平衡管可以获得并保持体系中纯试样的饱和蒸气，U 形管中的液体起液封和平衡指示作用。

附录 4-2　大气压的测定

在实验室常用福廷式气压计测定大气压。福廷式气压计是一种单管真空汞压力计。

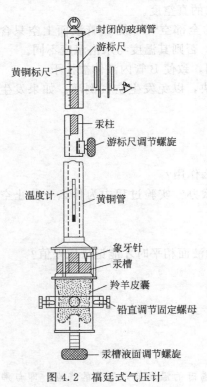

图 4.2　福廷式气压计

1. 福廷式气压计的结构原理

福廷式气压计的结构如图 4.2 所示，其内部是一根长约 90cm 的玻璃管，上端封闭，管中盛有汞，然后将开口的一端倒置于下部汞槽中。管中的汞由于重力作用而下降，因而玻璃管的上端为真空。福廷式气压计外部是一根黄铜管，黄铜管上装有刻度尺、游标卡尺和温度计，铜管上部有一个长方形的孔，用来观察汞柱高度。气压计的下部是汞槽，汞槽下部是用羚羊皮袋做的汞储槽，它既与大气相通，但汞又不会漏出。在黄铜管的下部有一调节螺旋，用来调节汞面的高度。在汞槽的上部装有一象牙针，针尖朝下，且其尖端是黄铜标尺的刻度零点。在读取大气压时，必须使汞槽中的汞面恰好与针尖相切。利用黄铜标尺的游标尺，读数的精密度可达 0.1mm 或 0.05mm。由于汞槽与大气相通，当大气压力与汞槽内的汞面作用达到平衡时，汞就会在玻璃管内上升到一定高度，通过测量汞的高度，就可以确定大气压力的数值。

2. 福廷式气压计的操作方法

（1）铅直调节

福廷式气压计必须垂直放置。在常压下，若与铅直方向相差 1°，则汞柱高度的读数误差相差约为 0.015%。为此，

图中标注（从上到下）：
封闭的玻璃管
游标尺
黄铜标尺
汞柱
游标尺调节螺旋
温度计
黄铜管
象牙针
汞槽
羚羊皮囊
铅直调节固定螺母
汞槽液面调节螺旋

在气压计的下端设计有一固定环，在调节时，先拧松气压计底部圆环的三个螺旋，令气压计铅直悬挂，然后再旋紧这三个螺旋，使其固定。

（2）调节汞槽内的汞面高度

慢慢旋转螺旋，调节水银槽内水银面的高度，使槽内水银面升高。利用水银槽后面白瓷板的反光，注视水银面与象牙尖的空隙，直至水银面与象牙尖刚刚接触，然后用手轻轻扣一下铜管上面，使玻璃管上部水银面凸液面正常。稍等几秒钟，待象牙针尖与水银面的接触无变动为止。

（3）调节游标卡尺

转动气压计旁的螺旋，使游标尺升起，并使下沿略高于水银面。然后慢慢调节游标，直到游标尺底边及其后边金属片的底边同时与水银面凸面顶端相切。这时观察者眼睛的位置应与游标尺前后两个底边的边缘在同一水平线上。

（4）读数（汞柱高度）

当游标尺的零线与黄铜标尺中某一刻度线恰好重合时，则黄铜标尺上该刻度的数值便是大气压值，不须使用游标尺。当游标尺的零线不与黄铜标尺上任何一刻度重合时，那么游标尺零线所对标尺上的刻度，则是大气压值的整数部分。再从游标尺上找出一根恰好与标尺上的刻度相重合的刻度线，则游标尺上刻度线的数值便是气压值的小数部分。

（5）整理工作

将气压计底部螺旋向下移动，使水银面离开象牙针尖，然后记录气压计上附属温度计的温度读数，并从所附的仪器校正卡片上读取该气压计的仪器误差。

3. 气压计读数的校正

当气压计的汞柱与大气压相平衡时，则大气压 $p=dgh$，但汞的密度 d 与温度有关，重力加速度 g 随高度和纬度而变化。因此，规定以温度为 0℃、纬度为 45° 的海平面上重力加速度 $g=9.80665m/s^2$ 条件下的汞柱为标准来度量大气压力，此时汞的密度 $d=13.5951g/cm^3$。凡是不符合上述规定所读得的大气压值，除仪器误差校正外，在精密的测量工作中还必须进行温度、纬度和海拔高度的校正。

（1）仪器误差校正

由汞的表面张力引起的误差、汞柱上方残余气体的影响，以及压力计制作时的误差，在出厂时都已做了校正，并附有仪器误差校正卡，使用福廷式气压计读数时，应根据该卡进行校正。若仪器校正值为正值，则将气压计读数加校正值；若校正值为负值，则将气压计读数减去校正值的绝对值。每隔几年气压计应由计量单位进行校正，重新确定仪器的校正值。

（2）温度校正

对气压计进行温度校正时，除了考虑汞的密度随温度的变化外，还要考虑黄铜管随温度的膨胀。由于水银的密度随温度的变化大于黄铜管长度随温度的变化，因此当温度高于 0℃ 时，气压计读数要减去温度校正值，当温度低于 0℃ 时，气压计读数要加上温度校正值，气压计的温度校正值见表 4.1。

表 4.1　气压计的温度校正值

温度/℃	740mmHg	750mmHg	760mmHg	770mmHg
10	1.21	1.22	1.24	1.26
11	1.33	1.35	1.36	1.38
12	1.45	1.47	1.49	1.51
13	1.57	1.59	1.61	1.63
14	1.69	1.71	1.73	1.76
15	1.81	1.83	1.86	1.88
16	1.81	1.83	1.86	2.01

温度/℃	740mmHg	750mmHg	760mmHg	770mmHg
17	2.05	2.08	2.10	2.13
18	2.17	2.20	2.23	2.26
19	2.29	2.32	2.35	2.38
20	2.41	2.44	2.47	2.51
21	2.53	2.56	2.60	2.63
22	2.65	2.69	2.72	2.76
23	2.77	2.81	2.84	2.88
24	2.89	2.93	2.97	3.01
25	3.01	3.05	3.09	3.13
26	3.13	3.17	3.21	3.26
27	3.25	3.29	3.34	3.38
28	3.37	3.41	3.46	3.51
29	3.49	3.54	3.58	3.63
30	3.61	3.66	3.71	3.75
31	3.73	3.78	3.83	3.88
32	3.85	3.90	3.95	4.00
33	3.97	4.02	4.07	4.13
34	4.09	4.14	4.20	4.25
35	4.21	4.26	4.32	4.38

若测量温度及气压不是整数，温度校正值可以按照下式进行计算：

$$p_0 = \frac{1 + \beta t}{1 + \alpha t} p$$

式中，p 为气压计读数；t 为测量时的温度，℃；$\alpha = 1.818 \times 10^{-4}$，为水银在 $0 \sim 35$℃ 的平均体膨胀系数；$\beta = 1.84 \times 10^{-5}$，为黄铜的线膨胀系数；$p_0$ 为读数校正到 0℃ 时的数值。

(3) 纬度和海拔高度的校正

由于国际上用水银气压计测定大气压力时，是以纬度 45° 的海平面上重力加速度 9.80665m/s² 为准的。而实验中各地区纬度不同，海拔高度不同，则重力加速度的值也就不同，所以要做纬度和海拔高度的校正。在一般情况下，纬度和海拔高度校正值较小，可以忽略不计。

附录 4-3 异丙醇的饱和蒸气压计算 (表 4.2)

饱和蒸气压 p (Pa) 计算方程式：$\lg p = A - \dfrac{B}{C + t} + 2.1249$

式中，A、B、C 为常数；2.1249 为单位换算因子；t 为温度，℃。

表 4.2 一些常用物质的蒸气压

名称	分子式	温度范围/℃	A	B	C
醋酸	$C_2H_4O_2$	$0 \sim 36$	7.80307	1651.2	225
醋酸	$C_2H_4O_2$	$36 \sim 170$	7.18807	1416.7	211
乙醇	C_2H_6O	$-2 \sim 100$	8.32109	1718.10	237.52
丙酮	C_3H_6O	$-30 \sim 150$	7.02447	1161.0	224
异丙醇	C_3H_8O	$0 \sim 101$	8.17778	1580.92	219.61
乙酸乙酯	$C_4H_8O_2$	$-20 \sim 150$	7.09808	1238.71	217.0
正丁醇	$C_4H_{10}O$	$15 \sim 131$	7.47680	1362.39	178.77
苯	C_6H_6	$-20 \sim 150$	6.90561	1211.033	220.790
环己烷	C_6H_{12}	$20 \sim 81$	6.84130	1201.53	222.65
甲苯	C_7H_8	$-20 \sim 150$	6.95464	1344.80	219.482
乙苯	C_8H_{10}	$26 \sim 164$	6.95719	1424.255	213.21

◆ **参考文献** ◆

［1］　傅献彩，沈文霞，姚天扬，等．物理化学．第 5 版．北京：高等教育出版社，2006．
［2］　孙尔康，高卫，徐维清，等．物理化学实验．第 2 版．南京：南京大学出版社，2010．
［3］　韩喜江，张天云．物理化学实验．第 2 版．哈尔滨：哈尔滨工业大学出版社，2012．

实验二

燃烧热的测定

建议实验学时数：6 学时

一、　实验目的及要求

1. 用氧弹量热计测定蔗糖的燃烧热。
2. 明确燃烧热的定义，了解恒压燃烧热与恒容燃烧热的区别。
3. 掌握氧弹式量热计的实验测量技术，了解量热计的原理、构造及使用方法。
4. 学会用雷诺图解法校正温度变化。

二、　实验原理

燃烧热是指 1mol 物质完全燃烧时所放出的热量。蔗糖完全燃烧的方程式为

$$C_{12}H_{22}O_{11}(s) + 12O_2(g) = 12CO_2(g) + 11H_2O$$

恒压条件下的热效应为 Q_p，恒容条件下的热效应为 Q_V。在体积一定的封闭式量热计中所测定的燃烧热为 Q_V，而一般热化学计算用的值为 Q_p。将反应前后的各气体物质视为理想气体，并忽略凝聚相的体积，则二者之间的关系可通过下式进行换算：

$$Q_p = Q_V + \Delta nRT \tag{4.3}$$

或

$$\Delta H = \Delta U + \Delta nRT \tag{4.4}$$

式中，Δn 为反应前后生成物和反应物中气体的物质的量之差；R 为摩尔气体常数；T 为反应进行时的热力学温度。

本实验通过测定萘完全燃烧时的恒容燃烧热 ΔU，然后再计算出萘的恒压燃烧 ΔH。

热是一个很难测定的物理量，热量的传递往往表现为温度的改变，而温度却很容易测量。将装有一定量样品的密闭氧弹放入盛有一定量水的量热计中，然后使样品完全燃烧，放出的热量通过氧弹传递给水及仪器，引起温度升高。

若已知水量为 W 克，仪器的水当量为 W' 克，而燃烧前、后的温度为 T_1 和 T_2，则 m 克物质的燃烧热为：

$$Q' = (CW + W')(T_2 - T_1) \tag{4.5}$$

若水的比热为 1（$C=1$），摩尔质量为 M 的物质，则其摩尔燃烧热为：

$$Q = \frac{M}{m}(W+W')(T_2-T_1) \tag{4.6}$$

水当量 W' 的求法是用已知燃烧热的物质（如本实验用苯甲酸，$\Delta H_m = -3226.7\text{kJ/mol}$，298K）放在量热计中燃烧，测其始末温度求出 W' 的值。苯甲酸完全燃烧的方程式为：

$$C_6H_5COOH(s) + \frac{15}{2}O_2(g) =\!=\!= 7CO_2(g) + 3H_2O$$

在精确的实验测定中，铁丝的燃烧热和温度计的校正等都需要考虑。

实际上，无论怎样精心设计，实验过程中仍不能避免量热计与周围环境的热传递，这种传递使得我们不能精确地由温差测量仪上得到由于燃烧反应所引起的温升 ΔT，因而引起实验误差。通过雷诺作图法（见图 4.3）进行温度校正，能较好地解决这一问题。

具体做法是：做温度变化曲线，实验开始为 A 点，结束为 D 点，B 点为开始燃烧的温度 T_1，C 点对应观察到的最高温度 T_2，取 $T=(T_1+T_2)/2$（相当于室温），过 T 点做横坐标的平行线，交曲线于 O 点，过 O 点做垂线 MN，再将 AB 和 DC 线延长分别交 MN 于 F、E' 两点，其间的温度差值即为经过校正的 ΔT。

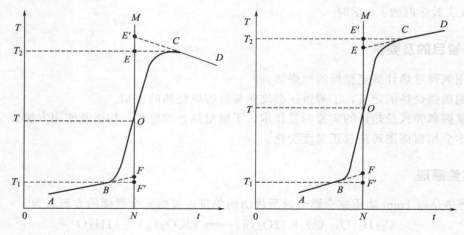

图 4.3　雷诺校正图

本实验所用的氧弹式量热计是一个特制的不锈钢容器。为了保证样品在其中完全燃烧，氧弹中应充以高压纯氧气或其他氧化剂，因此要求氧弹要有很好的密封性、耐高压和耐腐蚀性。氧弹放在一个与室温一致的恒温套壳中。盛水桶与套壳之间有一个高度抛光的挡板，以减少热量的辐射和空气的对流，从而提高实验的准确度。

三、　实验仪器与药品

1. 仪器：BH-ⅢS型氧弹式量热计1套；氧气钢瓶1个；万用表1台；数字式精密温差测量仪1台；台秤一台；电子天平1台；充氧机1台；1000mL 容量瓶1只；研钵1个。

2. 药品：苯甲酸（分析纯）；蔗糖（分析纯）；燃烧丝。

四、　实验步骤

1. 将氧弹的内壁和电极下端的不锈钢接线柱擦干净。

2. 取约 16cm 长的燃烧丝将其中部绕成螺旋状并在电子天平精确称量，然后在台秤上粗称 0.7～0.8g 的苯甲酸，把燃烧丝放在苯甲酸中用压片机压片（注意：片不能压得太紧，以防压断或点火后不能燃烧），片压好后，弹去样品片上的粉末，然后在电子天平上精确称量，减去燃烧丝的质量即得到样品的质量。

3. 将氧弹头（见图 4.4）置于弹头架上，将压好的样品片放在燃烧杯上，将燃烧丝的两端与氧弹的两个电极相连接，用万用电表测量两电极间的电阻。将弹头放入弹杯中，用手将其拧紧。再次用万用电表测量两电极间的电阻，若变化不大则可以充氧气。充氧气时按照高压氧气瓶的操作规则先打开氧气钢瓶的总阀（钢瓶内气体压力不小于 3MPa），顺时针旋紧减压手柄至分压表的压力为 2MPa，然后将氧弹放在充氧机（见图 4.5）上，充氧机顶针对准氧弹充气口，下压充氧机手柄至所需的压力。开始充入约 0.5MPa 的 O_2，开启出气口，赶出氧弹中的空气，然后充气约 2min，使氧弹内氧气压力达到 1.5MPa，然后逆时针旋松螺杆停止充气。用万用电表测量两电极间的电阻，若变化不大，则进行下一步操作。

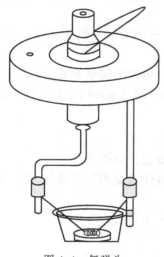

图 4.4　氧弹头

图 4.5　充氧机

4. 用容量瓶量取 3000mL 的自来水注入量热计的内筒中，将氧弹放入量热计内筒中，水面没过氧弹；如有气泡逸出，说明氧弹漏气，寻找原因并排除。连接点火线，盖好盖子，并将温差测量仪探头放入内筒中（注意探头不可碰到氧弹），开启量热计电源开关及搅拌开关。

5. 开启计算机，进入 "bhfwin" 系统，点击 "开始实验"，按程序提示进行操作。

6. 当程序提示按 "点火" 时，立即在量热计控制面板上按 "点火" 键，若点火成功，温差读数会升高，程序会自动画出 "温差-时间" 图；若点火失败，温差读数不变，仔细查找点火失败的原因。待样品燃烧完全，点击 "停止实验"，关闭搅拌开关。

7. 点击 "数据处理"，分别输入低温拐点温度和高温拐点温度，进行雷诺图校正，然后保存文件，打印。

8. 实验结束后，取出温差测量仪，取出氧弹，开启放气阀释放氧弹内的气体，然后旋开氧弹盖，观察样品燃烧是否完全。若燃烧杯中没有残渣，表明样品燃烧完全，实验成功，称量剩余燃烧丝的质量；若有许多黑色残渣，表明样品燃烧不完全，实验需要重新进行。

9. 用水冲洗氧弹杯，倒去内筒中的水，用干净的布把氧弹和量热计的各个部件擦干待用。

10. 称取 1.2～1.3g 蔗糖，代替苯甲酸，按上述方法进行实验，测量蔗糖的燃烧热。

11. 实验完毕，关闭量热计和计算机的电源开关，将内筒中的水倒掉并擦干，将燃烧杯和氧弹的各个部件擦干净。

五、 数据处理

1. 用雷诺图解法求出苯甲酸和蔗糖燃烧前后的温度差。
2. 计算量热计的水当量。已知苯甲酸在 298K 时的恒压燃烧热为 $-3226.8kJ/mol$。
3. 计算蔗糖的燃烧热。

六、 实验注意事项

1. 待测样品需干燥和研磨，受潮的样品不易燃烧且质量有误差，影响实验准确度。
2. 每台压片机只能压指定的样品，不同样品不能混用同一台压片机；压片时注意压片的紧实程度，样片压得太紧，点火时样品不易全部燃烧；压得太松，样品容易散落。压片时燃烧丝不能来回折，否则容易断，导致点不着火。
3. 量热计的外筒为空气，内筒盛自来水。一般情况下自来水的温度比室温低 1~2℃，因此不需要调节水温。
4. 苯甲酸的燃烧热实验完成后，进行下一次实验时，内筒中的水必须倒掉重新量取。
5. 氧弹充氧气的过程中，人应站在侧面，以免意外情况下弹盖或阀门向上冲出，发生危险。

七、 思考题

1. 在本实验的装置中哪部分是燃烧反应体系？哪部分是测量体系？
2. 测量体系与环境之间有没有热量的交换？（即测量体系是否是绝热体系？）如果有热量交换的话，能否定量准确地测量出所交换的热量？
3. 内筒中水的温度为什么要比外筒低？低多少合适？为什么？
4. 恒压燃烧热与恒容燃烧热有什么样的关系？

附录 4-4 燃烧热测定仪器介绍

实验装置示意图见图 4.6，燃烧热实验测定装置主要由氧弹式量热计、BH-ⅢS型燃烧热测定

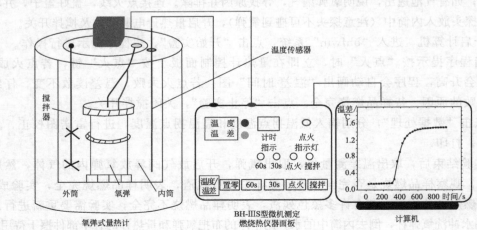

图 4.6 燃烧热的测定装置示意图

实验数据采集接口装置和计算机三部分构成，具体操作见附录 2-3 "燃烧热实验软件的操作说明"。

附录 4-5　氧气钢瓶及使用操作方法

1. 氧气钢瓶的构造

氧气钢瓶的示意图见图 4.7。它由两部分组成：钢瓶与减压阀，其中减压阀由总阀门、减压手柄、高压表和分压表四部分构成。高压表显示钢瓶中氧气的总压力，低压表显示氧气的输出压力。

图 4.7　氧气钢瓶

2. 氧气减压阀的使用方法

先将氧气输出管与充氧机相连，然后逆时针旋转钢瓶总阀门开启总阀，可从高压表中显示出钢瓶中的总压，再顺时针旋转减压手柄，至分压表的压力为 2MPa，此时即开始充氧。充氧完毕后，先逆时针旋转减压手柄关闭减压阀，然后松开氧气输出管与氧弹的连接，放掉低压室的氧气，使分压表的压力降至 0；如果不再使用氧气，要将高压室中的氧气放掉，方法为顺时针旋转总阀将其关闭，再顺时针旋转减压手柄，使高压表的压力下降至 0。

3. 使用氧气钢瓶及氧气减压阀时，应注意以下几点。

① 氧气钢瓶及其专用工具严禁与油脂接触，操作人员不能穿用沾有各种油脂或油污的工作服、手套，以免引起燃烧。

② 氧气钢瓶应直立存放在阴凉干燥、远离热源的地方；应远离明火，严禁阳光暴晒。氧气钢瓶受热后，气体膨胀，瓶内压力增大，容易造成漏气甚至爆炸。可燃性气体钢瓶与氧气钢瓶必须分开存放。

③ 除二氧化碳和氨气外的气体钢瓶，一般要用减压阀。各种减压阀中，只有氮气和氧气的减压阀可以通用，其他气体钢瓶的减压阀只能用于规定的气体，不能混用，以防爆炸。

④ 开启气瓶时，操作者应站在侧面，不要面对减压阀出口，以免气流射伤人体。不可敲打气瓶任何部位。

⑤ 用完气后先关闭气瓶气门，然后松掉气体流量螺杆，否则将使弹簧长期压缩，导致疲劳失灵。

⑥ 不能将氧气钢瓶的气体全部用完，一定要保留 0.05MPa 以上的残余压力。

⑦ 气体钢瓶必须进行定期技术检验，一般气体的钢瓶至少每 3 年必须送检一次，腐蚀性气体钢瓶至少每 2 年送检一次，合格者才能充气。

⑧ 钢瓶搬运时，要戴好钢瓶帽和橡皮腰圈，轻拿轻放。要避免撞击、摔倒和激烈振动，以防止爆炸。放置和使用时，必须用架子和铁丝固定牢靠。

附录 4-6　燃烧热实验软件的操作说明

1. 开启计算机和燃烧热测定实验数据采集接口装置的电源开关。

2. 双击 "燃烧热软件" 图标，运行燃烧热实验测定软件，进入主菜单。

3. 进入参数设置菜单，进行坐标设置，x 轴为时间（单位为 min），设置范围为 0～20；y 轴为温差（单位为℃），设置范围为 0～2.5，输入完成后点击 "确定" 按钮。

4. 点击 "开始实验" 按钮，根据提示逐步进行操作，如输入样品名称、样品质量和保存实验数据的文件名等。

5. 实验结束时，按"停止实验"键，系统将自动停止记录并保存实验数据。

6. 在数据处理菜单中有"打开""保存""数据处理""打印"和"退出"功能按钮。

① 点击"打开"按键后，操作者输入文件名可看到实验图形和数据。

② 点击"数据处理"按钮，操作者根据提示输入低温拐点温度和高温拐点温度，软件自动对实验数据进行处理，画出雷诺校正图并计算出恒容燃烧热和恒压燃烧热。

③ 按"保存"按钮后，操作者可将实验结果保存到指定目录下，以便以后调用。

7. 点击"打印"按钮，计算机打印出实验结果和雷诺校正图。

8. 点击"退出"按钮，系统退回主菜单。

◆ 参考文献 ◆

[1] 孙尔康，高卫，徐维清，等. 物理化学实验. 第2版. 南京：南京大学出版社，2010.

[2] 北京大学化学学院物理化学实验教学组编. 物理化学实验. 第4版. 北京：北京大学出版社，2002.

[3] 南大万和科技有限公司微机测定燃烧热实验软件的操作说明.

实验三
溶解热的测定

建议实验学时数：4学时

一、 实验目的及要求

1. 了解电热补偿法测定热效应的基本原理。

2. 通过用电热补偿法测定硝酸钾在水中的积分溶解热；用作图法求硝酸钾在水中的微分冲淡热、积分冲淡热和微分溶解热。

3. 掌握电热补偿法的仪器使用要点。

二、 实验原理

1. 基本概念

物质溶解于溶剂中经常会伴随有热效应产生，有的物质溶解时吸热，有的物质溶解时放热。在恒温恒压下，n_2（mol）的溶质溶于 n_0（mol）的溶剂（或溶于某浓度的溶液）中产生的热效应称为溶解热，用 Q 表示。溶解热可分为积分（或称变浓）溶解热和微分（或称定浓）溶解热。

积分溶解热是指在恒温、恒压下把1mol溶质溶解在 n_0（mol）的溶剂中时所产生的热效应。由于过程中溶液的浓度逐渐改变，因此积分溶解热也称为变浓溶解热，以 Q_s 表示。微分溶解热是指在恒温恒压下把1mol溶质溶于某一确定浓度的无限量的溶液中产生的热效应，以 $\left(\dfrac{\partial Q_s}{\partial n}\right)_{T,\,p,\,n_0}$ 表示。

把溶剂加到溶液中使之稀释，产生的热效应称为冲淡热，分为积分（或变浓）冲淡热和微分（或定浓）冲淡热两种。积分（或变浓）冲淡热是指在恒温、恒压下把 1mol 溶质和 n_{01}（mol）的溶剂冲淡到含溶剂为 n_{02}（mol）时的热效应，也称为某两浓度的积分溶解热之差，以 Q_d 表示。微分（或定浓）冲淡热是指在恒温恒压下把 1mol 溶剂加到无限量的某一定浓度的溶液中产生的热效应，以 $\left(\dfrac{\partial Q_s}{\partial n_0}\right)_{T,\,p,\,n_0}$ 表示。

2. 积分溶解热 (Q_s)

可由实验直接测定，其他三种热效应则通过 $Q_s\text{-}n_0$ 曲线求得。

设纯溶剂和纯溶质的摩尔焓分别为 $H_{m,A}^*$ 和 $H_{m,B}^*$，一定浓度溶液中溶剂和溶质的偏摩尔焓分别为 $H_{m,A}$ 和 $H_{m,B}$。若由 n_A（mol）溶剂和 n_{ab}（mol）溶质混合形成溶液，则混合前的总焓为

$$H = n_A H_{m,A}^* + n_B H_{m,B}^* \tag{4.7}$$

混合后的总焓为

$$H' = n_A H_{m,A} + n_B H_{m,B} \tag{4.8}$$

此混合（即溶解）过程的焓变为

$$\Delta H = H' - H = n_A(H_{m,A} - H_{m,A}^*) + n_B(H_{m,B} - H_{m,B}^*) = n_A \Delta H_{m,A} + n_B \Delta H_{m,B} \tag{4.9}$$

根据定义，$\Delta H_{m,A}$ 即为该浓度溶液的微分稀释热；$\Delta H_{m,B}$ 即为该浓度溶液的微分溶解热，积分溶解热则为：

$$Q_s = \frac{\Delta H}{n_B} = \frac{n_A}{n_B}\Delta H_{m,A} + \Delta H_{m,B} = n_{0,1}\Delta H_{m,A} + \Delta H_{m,B} \tag{4.10}$$

在 $Q_s\text{-}n_0$ 图上，不同 Q_s 点的切线斜率为对应于该浓度溶液的微分冲淡热，即 $\left(\dfrac{\partial Q_s}{\partial n_0}\right)_{T,\,p,\,n} = \dfrac{AD}{CD}$。该切线在纵坐标上的截距 OC，即为相应于该浓度溶液的微分溶解热。在含有 1mol 溶质的溶液中加入溶剂，使溶剂量由 n_{02}（mol）增至 n_{01}（mol）过程的积分冲淡热 $Q_d = (Q_s)_{n_{01}} - (Q_s)_{n_{02}} = BG - EG$，如图 4.8 所示。

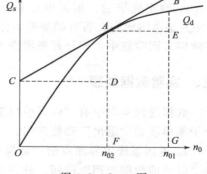

图 4.8　$Q_s\text{-}n_0$ 图

3. 实验系统

可视为绝热系统，它是一个包括杜瓦瓶、搅拌器、电加热器和测温部件等组成的量热系统。硝酸钾在水中的溶解是一个吸热过程，系统温度随着吸热过程的进行而降低，故采用电热补偿法测定。即先测定体系的起始温度 T，当硝酸钾溶解后温度不断降低时，通过电加热法使系统升温至起始温度，根据所消耗的电能求得其溶解热 Q：

$$Q = I^2 R t = IUt$$

式中，I 为通过电阻为 R 的电热器的电流强度，A；U 为电阻丝两端所加电压，V；t 为通电时间，s。

三、 实验仪器与药品

1. 仪器：NDRH-2S 型溶解热测定数据采集接口装置（含磁力搅拌器、加热器、温度传

感器）1 套；计算机 1 台；杜瓦瓶 1 个；漏斗 1 个；毛笔 1 支；称量瓶 8 只；电子天平 1 台；研钵 1 个。

  2. 药品：硝酸钾（分析纯）。

四、 实验步骤

  1. 研磨 26g 硝酸钾，将 8 个称量瓶编号，依次加入在研钵中研细的 KNO_3，其质量分别为 2.5g、1.5g、2.5g、3.0g、3.5g、4.0g、4.0g 和 4.5g，称量后将称量瓶放入干燥器中待用。

  2. 在台秤上用杜瓦瓶（杜瓦瓶用前需洗净、擦干）直接称取 216.2g 的蒸馏水，将杜瓦瓶放在搅拌台上，然后将磁子放入杜瓦瓶中，将温度传感器置于杜瓦瓶的水中（注意温度传感器探头不要与搅拌磁子及加热器相接触）。

  3. 连接好线路，开启反应热测量数据采集接口装置的电源开关，将电流调节为 0，仪器预热 3min。

  4. 开启计算机，运行"svfwin"软件，进入系统初始界面，选择确定键，进入主界面，点击"开始实验"按钮，根据提示开始测量当前室温。这时开启恒流电源及搅拌器电源开关，将搅拌速率调节至适当速率。

  5. 室温测好后，通过缓慢调节电流使加热器功率在 $2.25\sim2.3W$。

  6. 当采样到水温高于室温 0.5℃时，电脑提示加入第 1 份 KNO_3，从加样漏斗处加入第 1 份样品，并将残留在漏斗上的少量 KNO_3 用毛刷扫入杜瓦瓶中。

  7. KNO_3 加入后开始溶解，水温随之很快下降，由于加热器在工作使水温又会慢慢上升，当系统探测到水温上升至起始温度时，电脑提示加入第 2 份 KNO_3，同时电脑记下通电时间。然后按照上述步骤继续测定直到电脑提示 8 份样品全部加完为止，系统会自动统计出每份 KNO_3 溶解的电热补偿通电时间。

  8. 测定完毕后，根据电脑提示关闭加热器和搅拌器，切断电源。打开杜瓦瓶，检查 KNO_3 是否溶解完，若有硝酸钾固体存在，则说明实验失败，必须重做；若溶解完全，可将溶液倒入回收瓶中，把杜瓦瓶清洗干净放回原处。

五、 实验数据处理

  数据处理菜单中有"以当前数据处理""保存数据到文件""读取数据文件""打印"四个子菜单项和"退出"功能按钮。

  1. 返回系统主界面点击"数据处理"菜单，输入水和八份硝酸钾样品的质量。然后点击"以当前数据处理"按钮，软件自动计算出：

  ① 每份样品的 Q_s 和 n_0；

  ② n_0 为 80mol、100mol、200mol、300mol、400mol 时 KNO_3 的积分溶解热、微分溶解热和微分冲淡热；

  ③ n_0 从 80～100mol、100～200mol、200～300mol、300～400mol 时 KNO_3 的积分冲淡热。

  2. 点击右上角的"下一页"按钮，计算机自动画出"Q_s-n_0"图，点击"打印"按钮即可打印处理的数据和图表。

六、 实验注意事项

  1. 杜瓦瓶必须洗净擦干，硝酸钾必须在研钵中研细。

2. 打开溶解热仪器的电源开关时，先将仪器面板上的电流旋至最小。

3. 实验过程中要缓慢调节电流旋钮使加热功率调至 $2.25 \sim 2.30 \text{W}$。

4. 将磁子的搅拌速率调节合适并保持恒定，是本实验的一个关键。搅拌速率太快或太慢时，实验过程中会出现故障，还会因为水的传热性差而导致 Q_s 值偏低，甚至会使 Q_s-n_0 图变形。

5. 往漏斗中加入硝酸钾样品时不能加得太快，以防样品将漏斗口堵塞。

6. 实验结束后，杜瓦瓶中若有未溶解的硝酸钾固体，说明实验失败，需要重做实验。

七、 思考题

1. 本实验装置是否适用于放热反应的热效应的测定？

2. 本实验产生温差的主要原因有哪几方面？如何修正？

3. 温度和浓度对溶解热有无影响？如何从实验温度下的溶解热计算其他温度下的溶解热？

八、 讨论

1. 本实验的装置可从以下两个方面进行改进。

① 本实验采用玻璃漏斗进行加样，在加样的过程中硝酸钾容易沾在漏斗颈口，给实验带来误差，可考虑采用合适的加样器，包含在绝热系统之内。

② 本实验采用杜瓦瓶作为反应装置，可视性不好，可以考虑用透明的绝热有机玻璃装置，增强反应的透明度，更容易观察磁子的搅拌情况和硝酸钾的溶解情况。

2. 影响实验结果的因素主要包括以下几项内容：

① 实验过程中 I、U 不可能完全恒定；

② KNO_3 样品在加入的过程中，装置不能保持完全绝热，体系存在热损失；

③ KNO_3 固体易吸水，在称量和加样过程中可能吸水，引起质量误差；

④ 在加样过程中，KNO_3 不可避免地会残留在加样漏斗中。

附录 4-7　溶解热测定系统简介及软件使用方法

（一）溶解热测定系统简介

微机测定溶解热实验系统主要由溶解热测定专用软件和反应热测量数据采集接口装置两部分组成（如图 4.9 所示）。该实验系统可以实时监控 KNO_3 溶解热实验的全部测定过程，实验完毕，可以在计算机上进行实验数据处理、画图和打印，具有操作简单、使用方便、实验稳定性好和实验误差小等特点。

（二）软件使用方法

1. 开启计算机，双击桌面上 svfwin 软件图标，即进入软件首页。如果要进行实验，按继续键进入主菜单。进入主菜单，可看到"参数校正""开始实验""数据处理"和"退出"四个菜单项。参数校正菜单中有"电压参数校正"和"电流参数校正"两个子菜单项，电压参数和电流参数一般情况下不需要校正。

2. 开启反应热测量数据采集接口装置的电源开关（注意：将电流调节旋钮旋至 0，不要开启搅拌开关），预热 3min。将称量好的蒸馏水放入杜瓦瓶中。

3. 点击开始实验按钮，根据提示开始测量当前室温，这时可开启搅拌器。室温测好后，测

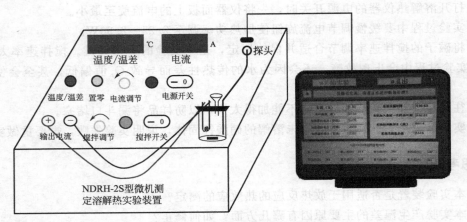

图 4.9　微机测定溶解热实验装置示意图

量加热器功率，并调节电流使加热器功率在 2.25～2.3W（注意：调节好后不能再调节改变功率），然后按下回车键，测量水温。

4. 当采样到水温高于室温 0.5℃时，由电脑提示加入第一份 KNO_3，同时计算机会实时记录此时的水温和时间。

5. KNO_3 加入后溶解，水温下降。由于加热器在工作，水温又会上升，当系统探测到水温上升至起始温度时，根据电脑提示加入下一份 KNO_3，此时计算机自动记录 KNO_3 溶解的电热补偿通电时间。重复上一步骤直至 8 样品全部测量完毕。

6. 根据电脑提示关闭加热器和搅拌器。系统已将本次实验的加热功率和 8 份样品的通电累计时间值自动保存在 c：\ svfwin \ dat 目录下的文件中。

7. 数据处理菜单中有"以当前数据处理""保存数据到文件""读取数据文件""打印"四个子菜单项和"退出"功能按钮。

（1）返回系统主界面点击"数据处理"按钮并从键盘输入水的质量和 8 份样品的质量。检查无误后点击"以当前数据处理"按钮，软件会自动计算出：①每份样品的 Q_s 和 n_0；②n_0 为 80mol、100mol、200mol、300mol、400mol 时 KNO_3 的积分溶解热、微分溶解热和微分冲淡热；③n_0 从 80～100mol、100～200mol、200～300mol、300～400mol 时 KNO_3 的积分冲淡热。点击显示器右上角的"下一页"按钮，计算机会自动画出"Q_s-n_0"图，再点击"打印"按钮即可打印处理好的数据和图表。

（2）如果需要保存当前数据到文件，则按"保存数据到文件"按钮，然后根据提示输入文件名点击"OK"保存数据。

（3）如果需要调取以前实验的数据来处理，则点击"读取数据文件"按钮并根据提示输入文件名来读取数据。

（三）仪器在使用过程中的注意事项

1. 本实验仪器周围应避免强电磁场干扰。

2. 尽量保持仪器附近的气流稳定，请勿将仪器放置在有风的环境中。

◆ 参考文献 ◆

［1］　郑传明，吕桂琴．物理化学实验．第 2 版．北京：北京理工大学出版社，2015.

［2］　罗鸣，石士考，张雪英．物理化学实验．北京：化学工业出版社，2012.

［3］　南大万和科技有限公司微机测定溶解热实验软件操作说明．

实验四
挥发性双液系 T-x 图的绘制

建议实验学时数：5.5 学时

一、 实验目的及要求

1. 用回流冷凝法测定沸点时气相与液相的组成，绘制环己烷-异丙醇的沸点-组成图，并确定体系的最低恒沸点及其组成。

2. 了解阿贝折光仪的构造原理，正确掌握阿贝折光仪的使用方法。

二、 实验原理

两种液体物质混合而成的两组分体系称为双液系。根据两组分间相互溶解度的不同，可分为完全互溶、部分互溶和完全不互溶三种情况。两种挥发性液体混合形成完全互溶体系时，如果该两组分的蒸气压不同，则混合物的组成与平衡时气相的组成不同。当压力保持一定时，混合物沸点与两组分的相对含量有关。

单组分液体在一定的外压下沸点为一定值。把两种完全互溶的挥发性液体（组分 A 和 B）混合后，在一定的温度下，平衡共存的气、液两相组成通常并不相同。因此，如果在恒压下将溶液蒸馏，测定馏出物（气相）和蒸馏液（液相）的组成，就能找出平衡时气、液两相的组成并绘出 T-x 图。

完全互溶的双液系 T-x 图可分为三类。

① 一般偏差　液体与拉乌尔定律的偏差不大。在 T-x 图上，溶液的沸点介于 A、B 两纯物质沸点之间，如图 4.10(a) 所示。苯-甲苯体系属于这种情况。

② 最大负偏差　由于 A、B 两组分相互影响，实际溶液常与拉乌尔定律有较大负偏差，表现为在 T-x 图上出现最高点，如图 4.10(b) 所示。盐酸-水体系、丙酮-氯仿体系等属于

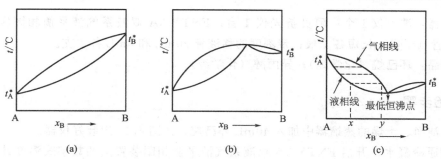

图 4.10　一定压力下完全互溶双液系的 T-x 图

这种情况。

③ 最大正偏差　A、B 两组分混合后与拉乌尔定律有较大的正偏差，如水-乙醇、苯-乙醇等体系。在 T-x 图上会出现最低点，如图 4.10(c) 所示。

后两种情况为具有恒沸点的双液系。它们相图的最高点或最低点称为恒沸点，此时气、液两相组成相同。恒沸点处对应的溶液称为恒沸点混合物，恒沸点混合物靠简单常规蒸馏无法改变其组成。

本实验选择具有最低恒沸点的环己烷-异丙醇二元体系。在 101325Pa 下，取一系列不同组成的溶液在沸点仪中回流，测定其沸点及气、液相组成。沸点数据可直接由温度计获得；气、液相组成可通过测定其折射率，然后由折射率-组成工作曲线确定。以沸点对组成作图，将所有的气、液相组成绘制成平滑曲线，即 T-x 相图，从相图中可以确定最低恒沸点的温度和组成。

测定沸点的装置叫沸点仪，如图 4.11 所示。这是一个带回流冷凝管的长颈圆底烧瓶，冷凝管底部有一袋状部，用以收集冷凝下来的气相样品。通过浸入溶液中的电阻丝加热溶液，这样可以减少溶液沸腾时的过热现象，防止暴沸。测定时，温度传感器浸没在液面下，准确测出平衡温度。

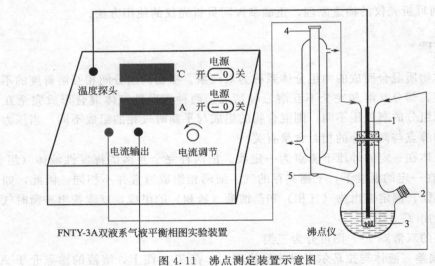

FNTY-3A双液系气液平衡相图实验装置　　沸点仪

图 4.11　沸点测定装置示意图

1—温度传感器；2—加料口；3—加热丝；4—气相冷凝液取样口；5—袋状部

三、　实验仪器与药品

1. 仪器：沸点仪 1 个；阿贝折光仪 1 台；FNTY-3A 双液系气液平衡相图实验装置 1 套；吸液管（干燥）长短各 1 根；带刻度的移液管 20mL 和 5mL 各 1 支。

2. 药品：环己烷（化学纯）；异丙醇（化学纯）。

四、　实验步骤

1. 在洁净、干燥的蒸馏器中加入 40mL 环己烷，按图 4.11 组装好仪器。

2. 接通冷凝水，开启 FNTY-3A 双液系气液平衡相图装置上的数字式温度计和稳流电源的开关，将电流调节到 1.2～1.6A，加热使溶液沸腾。最初在冷凝管下端袋状部冷凝的液体不能代表平衡时气相的组成，将袋状部内液体小心倾回蒸馏器 2～3 次，待温度计读数恒定后记录沸点并停止加热。用长滴管从冷凝管上口伸入吸取袋状部的气相冷凝液，迅速测定气相的折射率；再用一支短滴管从蒸馏器的加料口吸出少量液体，迅速测定液相的折射率。

3. 用移液管移取 2mL 的异丙醇加入到沸点仪中，开启稳流电源的开关加热，按步骤 2 的方法测定气、液两相的折射率，记录实验数据。再依次分别加入 3mL、8mL、8mL 和 19mL 的异丙醇，用同样的方法测定不同组成溶液的沸点及气、液两相的折射率。

上述实验完成后，蒸馏器中的溶液倒入废液回收桶中。将蒸馏器烘干后，加入 40mL 异丙醇，先测定纯异丙醇的沸点，然后依次加入 2mL、3mL、3mL 和 5mL 环己烷，按上述方法测定不同组成溶液的沸点及气、液两相的折射率。

4. 实验完毕后，将阿贝折光仪放置在专用木盒中，关掉冷凝水，关闭数显温度计和稳流电源的开关，将蒸馏器中的溶液倒入废液回收桶，整理实验台。

五、　实验数据处理

1. 依据表 4.4 的数据用 Origin 软件绘制以折射率 n_D^{20} 为纵坐标、异丙醇的质量分数为横坐标的工作曲线；从工作曲线上找出各馏出液的组成。

2. 将气、液两相平衡时的沸点、折射率和组成等数据列表。

3. 用 Origin 软件绘制沸点 - 组成图（T-x 图），由图求出最低恒沸点的组成及温度。异丙醇和环己烷的正常沸点分别为 355.5K 和 353.4K。

六、　实验注意事项

1. 加热器一定要被待测液浸没，不要露出液面，也不能接触沸点仪的底部。

2. 通电电流不能过大，本实验要求不超过 2A，以防止有机物溶液发生燃烧。

3. 一定要待体系达到气、液平衡时，即温度读数恒定不变时才可测定。

4. 取样测折射率时应停止通电加热。

5. 测折射率时，滴管不能触碰阿贝折光仪的棱镜，擦棱镜时需用擦镜纸。

6. 实验整个过程中要注意冷凝管中通冷却水，以便气相全部冷凝。

七、　思考题

1. 蒸馏器中收集气相冷凝液的袋状部的大小对结果有何影响？

2. 如果蒸馏时因仪器保温条件欠佳，在气相到达袋状部前，沸点较高的组成会发生部分冷凝，这种情况下它们的 T-x 图将怎样变化？

3. 试估计哪些因素是本实验误差的主要来源？

附录 4-8　阿贝折光仪及其使用方法

阿贝折光仪［如图 4.12(a) 所示］，又称阿贝折射仪，是利用光线测试液体浓度的仪器。折射率是物质的重要物理常数之一。许多纯物质都具有一定的折射率，物质中如果含有杂质，则其折射率将发生变化，出现偏差，杂质越多，偏差越大。阿贝折光仪的量程为 1.3000～1.7000，精密度为±0.0001，温度应控制在±0.1℃的范围内。

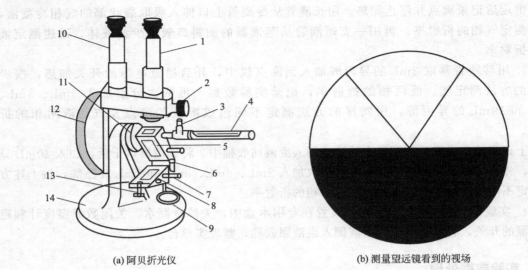

(a) 阿贝折光仪   (b) 测量望远镜看到的视场

图 4.12   阿贝折光仪示意图

1—测量望远镜；2—消色散旋钮；3—恒温水入口；4—温度计；5—测量棱镜；6—铰链；

7—辅助棱镜；8—加液槽；9—反射镜；10—读数望远镜；11—转轴；12—刻度盘罩；

13—闭合旋钮；14—底座

（一）阿贝折光仪的结构

阿贝折光仪有两个部分：观察系统和读数系统。观察系统和读数系统通过支架、主轴相连。

观察系统包括：反射镜、测量棱镜、辅助棱镜、恒温器、棱镜闭合旋钮、消色散旋钮、测量望远镜（观察镜筒、目镜）。

读数系统包括：棱镜调节旋钮（刻度调节旋钮）、圆盘组（内有刻度板）、反光镜、读数螺旋、读数望远镜（读数镜筒、目镜）。

（二）阿贝折光仪的使用方法

1. 从木箱中取出阿贝折光仪安放在光亮处，但勿使仪器置于直照的日光中，以避免液体试样迅速蒸发。松开闭合旋钮，开启辅助棱镜，使其磨砂的斜面处于水平位置，用滴管加少量丙酮或者乙醇清洗镜面，注意勿使管尖碰撞镜面，以防造成刻痕，再用擦镜纸轻轻擦洗上下镜面（注意切勿用滤纸）。注意不可来回擦，只可单向擦，待晾干后方可使用。

2. 用吸管吸取待测液体 2～3 滴均匀地滴在辅助棱镜磨砂面上，关紧辅助棱镜。若试样易挥发，则可在两棱镜接近闭合时从加液小槽中加入，然后闭合两棱镜，锁紧锁钮，然后迅速测定其折射率。

3. 调节读数螺旋，使刻度盘标尺上的示值为最小，同时调节反射镜使入射光进入棱镜，调节目镜的焦距，从测量望远镜中观察，使视场中的十字交叉线清晰明亮。

4. 轻轻调节读数螺旋，使左面刻度盘标尺上的示值逐渐增大，直至观察到视场中出现彩色光带或黑白分界线为止。调节消色散旋钮消除彩色，使界面中只出现黑白两种颜色，再小心调节读数螺旋，使黑白分界线对准十字交叉线的中心，见图 4.12(b)。

5. 为保护刻度盘的清洁，折光仪一般都将刻度盘装在罩内，读数时先打开罩壳上方的小窗，使光线射入，然后从读数望远镜中读出刻度盘右边一列的折射率数值，读至小数点后第四位。由于眼睛在判断黑白界面的分界线与目镜中的十字交叉线的交点是否正好重合时容易疲劳，为减少偶然误差，应转动手柄重复测定三次，三个读数相差不大于 0.0002，然后取其平均值。

6. 测完后，用擦镜纸蘸取乙醇或丙酮擦洗上下镜面，晾干后再关闭（也可用吸耳球吹干镜面）。

（三）仪器的校正

在测定样品之前，应对阿贝折光仪进行校正。通常先测纯水的折射率，将重复两次所测定的纯水的平均折射率与其相应温度下的折射率标准值（见表 4.3）进行比较。校正值一般很小，若数值太大，整个仪器应重新校正。若需测量在不同温度时的折射率，将温度计旋入温度计座中，接上恒温器的通水管，把恒温器的温度调节到所需测量温度，接通循环水，待温度稳定 10min 后即可测量。

表 4.3　不同温度下蒸馏水的折射率

温度/℃	折射率	温度/℃	折射率
10	1.33337	26	1.33242
11	1.33365	27	1.33231
12	1.33359	228	1.33220
13	1.33353	29	1.33203
14	1.33346	30	1.33196
15	1.33339	32	1.33164
16	1.33324	34	1.33136
17	1.33320	36	1.33107
18	1.33316	38	1.33079
19	1.33307	40	1.33051
20	1.33299	42	1.33023
21	1.33290	44	1.32992
22	1.33281	46	1.32959
23	1.33272	48	1.32927
24	1.33263	50	1.32894
25	1.33253	52	1.32860

（四）使用阿贝折光仪应注意的问题

1. 测量前必须先用已知折射率的标准液体进行校正。

2. 棱镜表面擦拭干净后才能滴加被测液体。清洗棱镜时，不要把液体溅到光路的凹槽中。

3. 滴在进光棱镜面上的液体要均匀分布在棱镜面上，并保持水平状态合上两棱镜，以保证棱镜缝隙中充满液体。

4. 不要用手触摸折光仪各部件，以免玷污光路影响测量。

5. 测量完毕，应将各部件擦拭干净后放入仪器的木盒中。

附录 4-9　折射率随浓度变化的工作曲线的绘制

根据表 4.4 中的数据用 Origin 软件绘制以折射率 n_D^{20} 为纵坐标、异丙醇的质量分数为横坐标的工作曲线。

表 4.4　293.2K 时环己烷与异丙醇混合液的浓度与折射率的数据

异丙醇的摩尔分数/%	n_D^{20}	异丙醇的质量分数/%	异丙醇的摩尔分数/%	n_D^{20}	异丙醇的质量分数/%
0	1.4263	0	40.40	1.4077	32.61
10.66	1.4210	7.85	46.04	1.4050	37.85
17.04	1.4181	12.79	50.00	1.4029	41.65
20.00	1.4168	15.54	60.00	1.3983	51.72
28.34	1.4130	22.02	80.00	1.3882	74.05
32.03	1.4113	25.17	100.00	1.3773	
37.14	1,4090	29.67			

注：摘自 Jean Timmermans. The Physico-Chemical Constants of Binary Systems. Vol. 2. New York: Wiley-Interscience, 1959~1960：37.

◆ **参考文献** ◆

[1]　孙尔康，高卫，徐维清，等. 物理化学实验. 第 2 版. 南京：南京大学出版社，2010.
[2]　北京大学化学学院物理化学实验教学组. 物理化学实验. 第 4 版. 北京：北京大学出版社，2002.
[3]　复旦大学等. 物理化学实验. 第 2 版. 北京：高等教育出版社，1993.

实验五
凝固点降低法测定摩尔质量

建议实验学时数：4 学时

一、　实验目的及要求

1. 用凝固点降低法测定萘的摩尔质量。
2. 掌握稀溶液凝固点的测定技术。
3. 加深对稀溶液依数性质的理解。

二、　实验原理

非挥发性溶质二组分稀溶液具有依数性质，凝固点降低就是依数性的一种表现。稀溶液的凝固点是指在一定的外压下，溶液逐渐冷却开始析出固态纯溶剂 A 的温度。稀溶液的凝固点低于同压下纯溶剂的凝固点。对于理想稀溶液来说，凝固点降低的值 ΔT_f 与溶质的质量摩尔浓度 b_B 成正比。

$$\Delta T_f = T_f^* - T_f = K_f \times b_B \tag{4.11}$$

式中，ΔT_f 为凝固点的降低值；T_f^*、T_f 分别为纯溶剂和理想稀溶液的凝固点；b_B 为溶质的质量摩尔浓度；K_f 为凝固点降低常数，它只与所用溶剂的特性有关。如果稀溶液是由质量为 m_B 的溶质溶于质量为 m_A 的溶剂中而构成，则上式可写为：

$$\Delta T_f = K_f \times \frac{1000 m_B}{M_B \times m_A} \tag{4.12}$$

即

$$M_B = K_f \frac{10^3 m_B}{\Delta T_f m_A} \tag{4.13}$$

式中，K_f 为溶剂的凝固点降低常数，$K \cdot kg/mol$；M 为溶质的摩尔质量，g/mol。

如果已知溶液的 K_f 值，则可通过实验测出溶液的凝固点降低值 ΔT_f，利用上式即可求出溶质的摩尔质量。

凝固点降低值的多少，直接反映了溶液中溶质的质点数目。溶质在溶液中可能发生离解、缔合、溶剂化和络合物生成等情况，会影响溶质在溶剂中的表观摩尔质量。因此，溶液的凝固点降低法可用于研究溶液中电解质的电离度、溶质的缔合度、溶剂的渗透系数和活度系数等。

实验中，要分别测定纯溶剂和稀溶液的凝固点，然后计算两者凝固点的差值。纯溶剂的凝固点为其液相和固相共存的平衡温度。若将液态的纯溶剂逐步冷却，在未凝固前温度将随时间均匀下降，开始凝固后因放出凝固热而补偿了热损失，体系将保持液、固两相共存的平衡温度而不变，直至全部凝固，温度再继续下降，其冷却曲线如图 4.13 中曲线 1 所示。但在实际过程中，当液体温度刚达到或稍低于其凝固点时，晶体并不析出，这就是所谓的过冷现象。此时若加以搅拌或加入晶种，促使晶核产生，则大量晶体会迅速形成，并放出凝固热，使体系温度迅速回升到稳定的平衡温度；对于纯溶剂来说，在一定压力下，凝固点是固定不变的，直到全部液体凝固后温度才会再逐渐下降。纯溶剂的冷却曲线如图 4.13 中曲线 2。

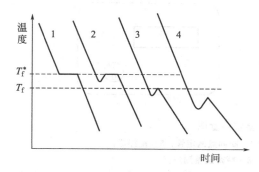

图 4.13　纯溶剂和溶液的冷却曲线

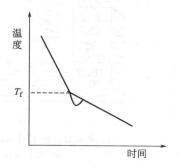

图 4.14　外推法求溶液的凝固点

对于溶液来说，其凝固点与溶液的浓度有关，但其冷却曲线与纯溶剂不同。由于不断析出纯溶剂固体，因此溶液的浓度会逐渐增大，从而溶液的凝固点也逐渐下降。因此，溶液的凝固点不是一个恒定的值。若把回升的最高点温度作为凝固点，由于这时已有溶剂晶体析出，所以溶液浓度已不同于起始浓度，而是大于起始浓度，因而此时的凝固点不是原浓度溶液的凝固点。本实验要测定已知浓度溶液的凝固点，应测出步冷曲线，因有凝固热放出，冷却曲线的斜率发生变化，即温度的下降速率变慢。如果溶液过冷程度不大，析出固体溶剂的量很少，对原始溶液浓度影响不大，则以过冷回升的最高温度近似作为该溶液的凝固点，如图 4.13 中曲线 3 所示。如果溶液过冷程度比较大，析出的固体溶剂比较多，浓度变化较大，则过冷回升的温度会明显低于溶液的凝固点，见图 4.13 中曲线 4，此时，溶液的凝固点要采用外推法求得，即从溶液的冷却曲线上待温度回升后做曲线后面部分的延长线使其与曲线的前面部分相交，其交点就是凝固点，如图 4.14 所示。

三、 实验仪器与药品

1. 仪器：凝固点测定仪 1 台；精密电子温差仪 1 台；温度计 1 支；25mL 移液管 1 支；压片机 1 台；电子天平 1 台。
2. 药品：环己烷（分析纯）；萘（分析纯）。

四、 实验步骤

1. 检查测温探头，用环己烷清洗测温探头并晾干。
2. 冰块用木槌砸成碎块备用。
3. 按图 4.15 所示安装凝固点测定仪。注意测定管和搅拌器都必须清洁、干燥；温差测量仪的探头和温度计都必须与搅拌棒有一定的空隙以防止搅拌时发生摩擦。

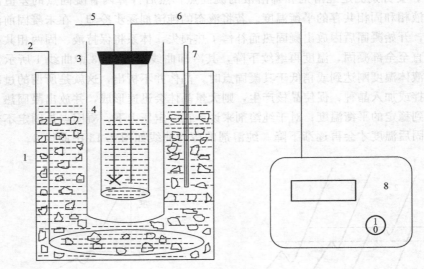

图 4.15　凝固点的测定装置图
1—玻璃缸；2—搅拌器；3—玻璃套管；4—凝固点测定管；5—搅拌器；
6—温差仪探头；7—温度计；8—精密温差测量仪

4. 加冰块调节水浴温度，使其低于环己烷凝固点温度 2～3℃，并不断搅拌和加入碎冰，使冰浴温度保持基本不变。
5. 调节温差测量仪，使其数字显示为"0"左右。
6. 纯溶剂环己烷凝固点的测定。

① 环己烷凝固点近似值的测定　取 25.00mL 环己烷注入洗净干燥的凝固点测定管中，塞紧软木塞，防止环己烷挥发，记下环己烷的温度。取出凝固点测定管，将其直接放入冰水浴中，不断搅拌，使环己烷逐步冷却。当开始有固体析出时，迅速取出测定管，用毛巾擦干管外的冰水，然后放入空气套管中，缓慢均匀搅拌，观察精密温差测定仪的温度变化，直到温度稳定，即为环己烷的凝固点近似值。

② 环己烷凝固点精确值的测定　从冰水浴中取出凝固点测定管，用毛巾擦干管外壁的

水，用手温热测定管，同时搅拌，使管中固体完全熔化，再将凝固点测定管放入冰水浴中，将搅拌器调至慢档使其均匀缓慢地搅拌，使环己烷迅速冷却。当温度下降至高于凝固点近似值 0.5℃时，迅速取出测定管，擦干，放入空气套管中，每秒搅拌一次，使环己烷温度均匀下降至温度低于凝固点近似值时，急速搅拌（防止过冷超过 0.5℃），促使固体析出。此时温度开始上升，搅拌减慢，注意观察温差测定仪的数字变化，直到其读数稳定，此即环己烷凝固点的精确值。重复测定三次，取平均值。要求环己烷凝固点测定结果的绝对平均误差小于±0.003℃。

7. 溶液凝固点的测定：取出凝固点测定管，用手捂热使管中的环己烷熔化，从测定管的支管加入事先压成片状的 0.2～0.3g 萘，待完全溶解形成溶液后，用步骤 6 的方法测定溶液的凝固点。先测溶液凝固点的近似值，再精确测定，重复测定三次。要求测定结果的绝对平均误差小于±0.003℃。

8. 实验完毕，将环己烷溶液倒入回收瓶，整理实验台。

五、　数据处理

1. 计算室温时环己烷的密度，然后计算出所取环己烷的质量。密度（kg/m^3）的计算公式：$\rho = 0.7971 \times 10^3 - 0.8879t$（℃）。

2. 由测定的纯溶剂和溶液的凝固点，计算出萘的摩尔质量。

3. 萘的相对分子质量的理论值为 128.17g/mol，计算测量的相对误差。

六、　实验注意事项

1. 实验所用测定管和搅拌器都必须洁净、干燥。温度探头冲洗干净，用滤纸擦干。

2. 冰浴温度不低于溶液凝固点 3℃为宜。

3. 测定凝固点温度时，注意过冷温度不能超过 0.5℃。

4. 搅拌要充分，但要注意不能剧烈搅拌。

七、　思考题

1. 为什么会产生过冷现象？如何控制过冷程度？

2. 实验中为什么每次过冷程度都要一致？

3. 根据什么原则考虑加入溶质的量？加入溶质的量太多或者太少有何影响？

4. 如果溶质在溶液中解离、缔合和生成配合物，对摩尔质量的测定值有何影响？

5. 影响凝固点精确测量的因素有哪些？

八、　讨论

1. 由于市售的分析纯环己烷含有微量的杂质，因此实验测得的纯溶剂的凝固点偏低。高温高湿季节不宜安排本实验，因为水蒸气容易进入测定系统，造成测量结果偏低。

2. 溶液的凝固点随着溶剂的析出而不断降低，冷却曲线上得不到温度不变的水平线段。因此，在测定一定浓度溶液凝固点时，析出固体越少，测定的凝固点才越准确。

3. 本实验成败的关键是控制过冷程度和搅拌速率。理论上，在恒压条件下，纯溶剂体系只要两相平衡共存就可以达到平衡温度。但实际上，只有固相充分分散到液相中，才能达到平衡。如凝固点测定管置于空气套管中，温度不断降低达到凝固点后，由于固相是逐渐析出的，此时若凝固放出的热量小于冷却所吸收的热量，则体系温度将继续不断降低，产生过冷现象。这时应该控制过冷程度，采取骤然搅拌的方式，使突然析出的大量微小固体颗粒与液相充分接触，从而测得固液两相共存的平衡温度。为了判断过冷程度，本实验先测定凝固点近似值；为了使在过冷状态下有大量微小固体析出，本实验规定了搅拌方式。对于二组分的溶液体系，由于凝固的溶剂量的多少会影响溶液的浓度，因此控制过冷程度和搅拌速率是本实验的关键。

附录 4-10　常用溶剂的 K_f 值（表 4.5）

表 4.5　常用溶剂的 K_f 值

溶　剂	T_f^*/K	$K_f/(K \cdot kg/mol)$
水	273.15	1.853
苯	278.683	5.12
萘	353.440	6.94
环己烷	279.69	20.0
樟脑	451.90	37.7
环己醇	279.694	39.3

◆ 参考文献 ◆

［1］　傅献彩，沈文霞，姚天扬，等．物理化学．第5版．北京：高等教育出版社，2006.
［2］　孙尔康，高卫，徐维清，等．物理化学实验．第2版．南京：南京大学出版社，2010.
［3］　北京大学化学学院物理化学实验教学组．物理化学实验．第4版．北京：北京大学出版社，2002.
［4］　周公度，段连运．结构化学基础．第3版．北京：北京大学出版社，2002.

实验六
二组分金属相图的绘制

建议实验学时数：5 学时

一、　实验目的及要求

1. 学会用热分析法测绘 Cd-Bi 二组分金属相图。

2. 了解纯物质步冷曲线和混合物步冷曲线的形状有何不同，及其相变点的温度应如何确定。

3. 掌握热分析法测量技术、步冷曲线的绘制和利用。

二、　实验原理

相图是多相（二相或二相以上）体系处于相平衡状态时体系的某物理性质（如温度）对体系的某一自变量（如组成）作图所得的图形；相图能反映出相平衡情况（相的数目及性质等）。二元或多元体系的相图常以组成为自变量，其物理性质则大多取决于温度。由于相图能反映出多相平衡体系在不同自变量条件下的相平衡情况，因此，研究多相体系的性质、多相体系相平衡的变化（例如冶金工业冶炼钢铁或其他合金的过程，石油工业分离产品的过程），都要应用相图解决问题。

对二组分固-液合金体系，常用"热分析法"绘制体系的相图。所谓热分析法就是将两种金属配制成一系列不同组成的样品，加热使之完全熔化，然后再均匀降温，每隔一定时间记录一次温度，记录温度随时间变化的曲线——步冷曲线。当熔融体系在均匀冷却过程中无相变化时，其温度将连续均匀下降得到一平滑的步冷曲线；当体系内发生相变时，必然产生相变热，从而使降温速率减慢，在步冷曲线上会出现"转折点（拐点）"或"水平线段"。转折点所对应的温度，即为该组成体系的相变温度。利用步冷曲线所得到的一系列组成和所对应的相变温度数据，以横轴表示混合物的组成，纵轴表示温度，就可绘制出被测体系的温度-组成二元相图。图 4.16(a) 是二元简单低共熔体系的冷却曲线图，图中的曲线 1、2、3、4、5 分别为所配制的不同质量分数的样品所测出的步冷曲线。由 4.16(a) 图的步冷曲线绘制出二组分金属的相图，如图 4.16(b) 所示，图中 A 组分为铋，B 组分为镉。

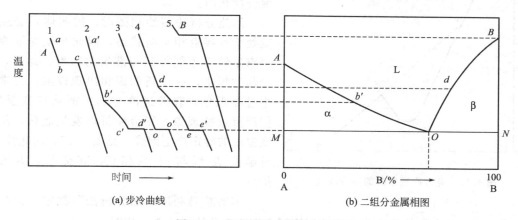

（a）步冷曲线　　　　　（b）二组分金属相图

图 4.16　根据步冷曲线绘制相图

纯物质的步冷曲线为曲线"1"和曲线"5"。以曲线"1"为例。当曲线"1"的体系不断冷却至温度达到纯物质 A 的凝固点时，A 开始转化为固体。折线段为液固两相平衡，在这一段 A 不断凝固，放出热量，温度保持不变。到 c 点 A 完全凝固，无热量放出，温度开始下降。

混合物的步冷曲线不同于纯物质，如步冷曲线"2"所示，从 a' 到 b' 为单纯熔液的降温过程，降温速率较快，当温度下降到 b' 对应的温度时，开始有固体 A 析出，体系呈固液两相平衡（熔液和固体 A），但此时温度仍可下降，由于固体 A 析出时产生了相变热，因此降温速率减慢，曲线上出现了 b' 点所对应的"拐点"，由此可以确定相图中的 b' 点。随着固体 A 的逐渐析出，熔液的组成不断改变，当温度达到 c' 点对应温度时，开始有固体 B 析出，此时体系处于三相平衡（熔液、固体 A 和固体 B），温度不再改变，步冷曲线上出现了"水平线段（平台）"。根据此"平台"的温度，可以确定相图中的 c' 点。当熔液全部凝固后，继续降温，此时是对应固体 A 和固体 B 的单纯降温过程。

步冷曲线"3"的特点是高温熔液在降温至 O 点所示温度之前是熔液的降温过程。在达到 O 点所示温度时，固体 A 和固体 B 同时析出，此时体系呈三相平衡，离开三相平衡线时熔液消失（熔液全部凝固为固体 A 和固体 B），继续降温，是固体 A 和固体 B 的降温过程。由此步冷曲线确定了相图中的 O 点。

步冷曲线"4"与步冷曲线"2"类似，所不同的是在"拐点" d 处首先开始析出的是固体 B，当温度达到"水平线段" e 对应的温度时析出固体 A，同样处于三相平衡，由此可确定相图中的 d 点和 e 点。步冷曲线"5"与"1"类似，其"水平线段"对应的温度是纯组分 B 的熔点。

用步冷曲线绘制金属相图时，以横坐标表示混合物的组成，以纵坐标表示相变（即步冷曲线上的拐点）的温度，即可得到相图。例如，将上述各样品开始发生相变的各点 A、b'、O、d、B 连接起来，而 c'、O、e 各点所对应的温度相同，将其用直线连接起来，这样 A-B 二组分体系金属相图便绘制出来了，如图 4.16(b) 所示。整个相图分为四个区域，AOB 以上的区域为熔液液相区 L；AOM 为固体 A 和熔液共存的两相区 α，BON 为固体 B 和熔液共存的两相区 β；MON 线为三相线，表示固体 A、固体 B 与组成为 O 点的熔液三相平衡共存；Ab'O 线是固体 A 与熔液呈两相平衡时，熔液组成与温度关系的曲线，称为液相线；OdB 线与 Ab'O 线相似，是固体 B 与熔液呈两相平衡时的液相线；O 点称为简单低共熔点，该点对应的熔液所析出的混合物称为简单低共熔混合物。因此，此类相图被称为简单低共熔混合物相图。

用热分析法测绘相图时，被测体系必须时刻处于或接近相平衡状态，因此必须保证冷却速率足够慢才能得到较准确的结果。此外，在冷却过程中，一个新的固相出现以前，常常发生过冷现象。轻微过冷有利于测量相变温度；但严重过冷现象，则会使折点发生起伏，使相变温度的确定产生困难，见图 4.17。遇此情况，可延长 dc 线与 ab 线相交，其交点 e 即为转折点。

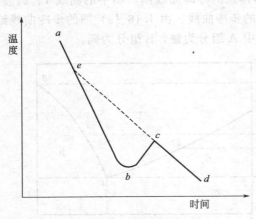

图 4.17　有过冷现象时的步冷曲线

本实验是利用"热分析法"测定一系列不同组成 Bi-Cd 混合物的步冷曲线，从而绘制出该二组分体系的金属相图。

三、实验仪器与药品

1. 仪器：JX-3D 型金属相图测量装置 1 套；10A 型金属相图（步冷曲线）实验加热装置 1 套；硬质玻璃试管 8 只。

2. 药品：Cd（化学纯）；Bi（化学纯）；石蜡油。

四、实验步骤

1. 配制镉的质量分数为 10%、25%、40%、55%、70%、85% 的铋、镉混合物 100g，分别装入 6 个硬质玻璃试管中，再分别加入少许石蜡油（约 3g），以防止金属在加热过程中接触空气而氧化。

2. 按图 4.18 的实验装置连接示意图，将 JX-3D 型金属相图测量装置与 10A 型可控升温加热装置连接好，开启仪器电源开关，仪器预热 2min。

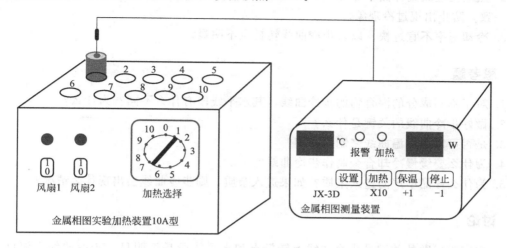

图 4.18 金属相图的绘制实验装置示意图

3. 按"设置"键，设定加热功率为 220W，加热目标温度比相应样品的熔点低 25℃ 左右，定时报警器报警的时间间隔为 60s，蜂鸣器开关设定为"1"（表示开）。

4. 将热电偶放入样品管中，样品试管放在加热电炉中。将加热选择旋钮旋至加热炉所对应数字的档位，按下"加热"键，加热指示灯变亮，开始加热样品。待样品温度升至设定温度，仪器将自动停止加热，同时加热指示灯将熄灭，此时样品温度会继续升高一定温度（约升高 25℃）。待样品完全熔化后，用热电偶搅拌样品，使其内部样品的组成和温度均匀一致。

5. 样品完全熔化后，样品温度会自然降低，降温速率保持在 6～8K/min。若降温速率太慢，可开启其中任一风扇，或两个风扇同时开启；若降温速率太快，按"保温"键，保温功率默认值为 40W，可以增加热量以达到所需的降温速率。当样品均匀冷却时，每隔 1min（即蜂鸣器每报警一次）记录一次温度，直到温度降至步冷曲线中水平线段对应的温度以下。

6. 重复上述步骤测定其他 5 组样品。用纯镉和纯铋校正热电偶，纯镉和纯铋的熔点分别为 594.3K 和 544.6K。

7. 实验完毕，关闭仪器，整理实验台。

五、 数据处理

1. 将纯镉或纯铋的熔点文献值与测定值进行比较来校正热电偶，然后修正各样品的熔点。

2. 以温度为纵坐标、时间为横坐标，用 Origin 软件绘制各组分的步冷曲线，找出各步冷曲线中拐点和平台对应的温度值。

3. 以温度为纵坐标，以物质组成为横坐标，用 Origin 软件绘制 Cd-Bi 二组分系统的金属相图，并从相图中求出低共熔点的温度及低共熔混合物的组成。

六、 实验注意事项

1. 用电炉加热样品时，设定温度要合适，若温度过高会使石蜡油炭化、金属样品容易氧化变质；温度过低或加热时间不够，则样品不能完全熔化，测不出步冷曲线的转折点。本实验中由于温度测量有一定的滞后，因此实验设定的温度通常比加热所需的最高温度低25℃。

2. 热电偶应放到样品中心部位，样品熔化后用热电偶均匀搅拌，使样品的组成和温度均匀一致，防止出现过冷现象。

3. 冷却速率不宜过快，以防步冷曲线转折点不明显。

七、 思考题

1. 对于不同成分的混合物的步冷曲线，其水平线段有什么不同？为什么？

2. 做好步冷曲线的关键是什么？

3. 是否可以用升温曲线来制作相图？

4. 为什么要缓慢冷却合金制作步冷曲线？

5. 为什么样品中严防进入杂质？如果进入杂质，则步冷曲线会出现什么情况？

八、 讨论

1. 本实验成败的关键是步冷曲线上转折点和水平线段是否明显。步冷曲线上温度变化的速率取决于体系与环境间的温差、体系的热容量、体系的热传导率等因素。若体系析出固体放出的热量能抵消大部分散失热量，则转折变化明显，否则就不明显。故控制好样品的降温速率很重要，一般控制在6～8℃/min，在冬季室温较低时，通常加以一定的电压（约20V）给体系进行保温来减缓降温速率。

2. 由于过冷现象的存在，在实际绘制的步冷曲线上会出现一个低谷，这是因为少量固相开始析出，所释放的能量不足以抵消外界冷却所吸收的热量。体系进一步降低至相变温度以下，这就促使众多的微小结晶同时形成，温度得以回升。过冷现象的存在使得步冷曲线的水平线段变短，更使得转折点难以确定，出现这种情况时，应采用线性外推法确定相变温度。

◆ 参考文献 ◆

[1] 傅献彩，沈文霞，姚天扬，等.物理化学.第5版.北京：高等教育出版社，2006.
[2] 孙尔康，高卫，徐维清，等.物理化学实验.第2版.南京：南京大学出版社，2010.
[3] 北京大学化学学院物理化学实验教学组.物理化学实验.第4版.北京：北京大学出版社，2002.
[4] 复旦大学等.物理化学实验.第2版.北京：高等教育出版社，1993.

差 热 分 析

建议实验学时数：4学时

一、　实验目的及要求

1. 掌握差热分析的基本原理和方法，用差热分析仪测定硫酸铜的差热图，并掌握定性解释图谱的基本方法。
2. 掌握差热分析仪的使用方法。

二、　实验原理

物质在受热或冷却过程中，当达到某一温度时，往往会发生熔化、凝固、晶型转变、分解、化合、吸附、脱附等物理或化学变化，并伴随有焓的改变，因而产生热效应，其表现为物质与环境（样品与参比物）之间有温度差。差热分析（简称 DTA）就是通过温差测量来确定物质的物理化学性质的一种热分析方法。

差热分析实验装置示意图如图 4.19 所示。该仪器结构包括 NDTA-Ⅲ型加热器、盛放试样和参比物的坩埚、盛放坩埚并测量温差的差热电偶、测温热电偶、NDTA-Ⅲ型差热分析仪和计算机。差热分析仪用来控制加热炉的温度和升温速率，并且采集样品与参比物之间的温差（ΔT）随温度（T）及时间的变化值，通过差热分析专用程序在计算机上自动绘制得到温度-温差曲线，进一步对实验结果进行计算和处理。

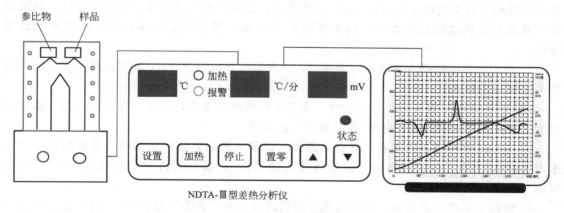

NDTA-Ⅲ型差热分析仪

图 4.19　差热分析实验装置示意图

试样与参比物放入坩埚后，按一定的速率升温，如果参比物和试样热容大致相同，就能得到理想的差热分析图。图 4.20 中 T 是插在参比物的热电偶所反映的温度曲线。AH 线反映试样与参比物间的温差曲线。若试样无热效应发生，则试样与参比物之间 $\Delta T = 0$。在曲线上 AB、DE、GH 是平滑的基线，当有热效应发生而使试样的温度高于参比物，则出现如 BCD 所示峰顶向下的放热峰。反之，峰顶向上的 EFG 为吸热峰。

从差热图上可清晰地看到差热峰的数目、高度、位置、对称性以及峰面积。峰的个数表示样品在测试温度范围内发生物理变化和化学变化的次数，峰的大小和方向代表相应的热效应的大小

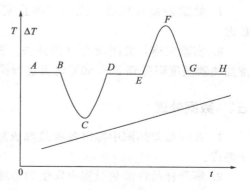

图 4.20　理想差热分析图

和正负，峰的位置表示样品发生变化的转化温度（图 4.20）。峰的高度、宽度、对称性除与测试条件有关，还与样品变化过程的动力学因素有关。在相同的测定条件下，许多物质的热谱图具有特征性。因此，可通过与已知的热谱图的比较来鉴别样品的种类。理论上，可通过峰面积的测量对物质进行定量分析，但由于影响差热分析的因素较多，实验测得的差热图比理想的差热图复杂得多，定量分析难以得到准确结果。

在差热分析中，体系的变化为非平衡的动力学过程。得到的差热图除了受动力学因素影响外，还受实验条件的影响，主要有参比物的选择、升温速率的影响、样品预处理及用量、炉内压力及气氛等。

三、 实验仪器与药品

1. 仪器：NDTA-Ⅲ型差热分析仪 1 套；计算机 1 台；研钵 1 个。
2. 药品：$CuSO_4 \cdot 5H_2O$（分析纯）；α-Al_2O_3（分析纯）。

四、 实验步骤

1. 研磨 $CuSO_4 \cdot 5H_2O$，使颗粒度与 α-Al_2O_3 相当，达到 200 目左右。

2. 称取 20mg 左右的 $CuSO_4 \cdot 5H_2O$，装入一只洁净的坩埚中，并在另一只平底坩埚内装入质量相等的参比物 α-Al_2O_3，适当用力捣实。缓缓抬起加热炉体，转动支撑杆，将坩埚轻轻放置在差热电偶的托盘上，然后缓慢放下炉体，尽量避免炉体晃动，然后旋紧稳固螺母。

3. 将加热器电缆插入加热器电源接口，并开启计算机和 NDTA-Ⅲ 型差热分析仪的电源开关。接通冷却水。

4. 双击 NDTA-Ⅲ型差热分析软件，在工具栏参数设定中，设置"纵坐标设置、横坐标设置、数据采样周期设置、电势/温差设定"的参数。

5. 点击工具栏"开始实验"按钮，弹出"请输入样品名称"对话框，系统默认为"五水硫酸铜"，点击"OK"；弹出"请输入参比物名称"，系统默认为"三氧化二铝"，点击"OK"。

6. 根据工具栏下方提示，按下差热分析仪面板上的"置零"键 2～3s，将差热电动势置零后，点击"继续"。然后，按下差热分析仪面板上的"加热"键，加热器开始加热，同时"加热"指示灯亮；点击"继续"后，弹出"是否需要保存实验数据"，点击"YES"，输入保存文件名后，系统自动开始采集实验数据。

7. 数据采集完成后，点击"停止实验"按钮，系统停止采集任务，并自动保存实验数据。

8. 实验完毕，关闭所有电源开关。若要继续测样，须先关闭差热分析仪的电源开关，待加热器温度降低到 20～50℃时再进行操作，避免烫伤。

五、 数据处理

1. 在样品差热图中标出各吸热峰或放热峰的起始温度、峰谷（或峰顶）温度以及峰终止温度。

2. 解释样品在加热过程中发生的物理和化学变化的情况，并写出反应方程式。

3. 根据实验所得差热曲线的峰面积，定性比较 $CuSO_4 \cdot 5H_2O$ 脱水时发生的几步热效应的相对大小。

六、　实验注意事项

1. 试样需要研磨成与参比物粒度大致相同（约 200 目），两者装填在坩埚中的紧密程度尽量相同。

2. 试样坩埚与参比物坩埚放入加热炉中的位置应正确，不能互相调换。

3. 加热炉通电前应先通入冷却水。

4. 更换样品、托起或放下加热器时，应先切断电源，待加热器温度降低到 20～50℃时再进行操作，避免烫伤。

5. 仪器表面应保持清洁、干燥，避免水或其他腐蚀性液体流进仪器内部，以免损坏仪器。仪器表面一旦落上灰尘或沾上水，应用软布轻轻擦拭干净，禁止触碰加热电偶及线路接头。

七、　思考题

1. 差热分析的基本原理是什么？

2. 差热分析实验中如何选择参比物？常用的参比物有哪些？

3. 差热曲线的形状与哪些因素有关？影响差热分析结果的主要因素有哪些？

4. 升温速率过快对实验结果有什么影响？

5. 在差热曲线上往往会出现基线漂移，为什么？

八、　讨论

影响差热分析的因素有：

① 升温速率的影响　升温速率不仅影响峰温的位置，而且影响峰面积的大小。因此，选择合适的升温速率很重要。一般来说，升温速率快，峰尖锐且面积大，测定时间短。但是升温速率过快易使试样分解偏离平衡条件的程度较大，造成基线漂移，并且可能导致相邻两个峰重叠，分辨力下降。升温速率较慢时，基线漂移小，使体系接近平衡条件，得到宽而浅的峰，也能使相邻的两峰更好地分离，因而分辨率高，但测定所需时间较长。

② 试样的预处理及用量　样品的颗粒度在 100～200 目，颗粒小可以改善导热条件，但太细可能会破坏样品的结晶度。尤其对易分解产生气体的样品，颗粒应适当大一些。参比物的颗粒、装填情况及紧密程度应与试样一致，以减少基线的漂移。

试样用量较大时，易使相邻两个峰重叠从而形成"大包"，降低分辨率；试样用量少时，得到的峰比较尖锐，相邻的峰容易分辨。一般应尽可能减少样品的用量。

③ 参比物的选择　要求参比物在整个温度测定范围内应保持良好的热稳定性，不应有任何热效应产生，常用的参比物有煅烧过的 α-Al_2O_3、MgO、石英砂等。测定时应尽可能选取与试样的比热、热导率相近的物质作参比物。为了使样品与参比物的热性质相近，测量时在样品中可以按比例掺入参比物（参比物为样品量的 1～2 倍）。

附录 4-11　NDTA-Ⅲ型差热分析仪的仪器面板及使用方法介绍

1. NDTA-Ⅲ型差热分析仪面板（如图 4.19 所示）

（1）温度显示器用于显示炉内的当前温度。

（2）升温速率（每分钟升高的温度数）显示器用于显示当前的加热速率。当加热器升温速率过快或过慢时，通过"▼"键或"▲"键调节升温速率。

（3）电动势显示器用于显示参比物和样品之间的差热电动势。

（4）"设置"键用于设置温度控制仪的工作参数。按下"设置"键，差热电动势显示器显示"C"，并且"状态"灯亮，通过"＋1""－1""X10"键设置加热器目标温度（单位℃），再按下"设置"键，则 NDTA-Ⅲ型差热分析仪退出"设置"状态，进入正常工作状态。

（5）"加热"键用于启动加热器，同时"加热"指示灯变亮。

（6）"停止"键使加热器停止加热，但由于热惯性，此时系统并不会立即停止升温，而是继续升温一段时间后才会停止。

（7）"置零"键是准备做实验时将差热电动势清零。

（8）"▼"键和"▲"键用于调节升温速率。按下"▼"键，升温速率减小，升温速率最小可设置为1℃/min；按下"▲"键，升温速率增大，升温速率最大可设置为25℃/min。

（9）"报警"指示灯根据"工作参数"中的设定，定时闪亮。

2. NDTA-Ⅲ型差热分析系统软件的使用方法

安装差热分析软件，计算机桌面上自动建立名为"NDTA-Ⅲ"的快捷方式图标。双击"NDTA-Ⅲ"图标，差热分析软件开始运行，在界面上方有"参数设定""开始实验""停止实验""读入历史数据""数据处理""打印设置""打印实验数据"和"退出"按钮。

（1）点击参数设定，出现下拉菜单"纵坐标设置、横坐标设置、数据采样周期设置、电势/温差设定、差热电势范围设定"，实验前根据所做实验的时间长短和温度高低进行设定。

（2）点击开始实验就会出现实验药品的填写对话框，如默认实验药品为"五水硫酸铜"，参比物药品为"三氧化二铝"（注意根据实验测试的样品及选用的参比物，实验药品名称和参比物药品的名称均可更改），点击"OK"。然后自动弹出一个对话框询问"是否保存数据"，选择"是"，接着再弹出一个对话框询问保存路径，在对话框中选择合适的路径。根据工具栏下方提示，在差热分析仪面板上按下"置零"键2～3s，将差热电动势置零后，点击"继续"，然后按下"加热"键，加热器开始加热，同时"加热"指示灯亮后，点击"继续"后，弹出"是否需要保存实验数据"，点击"YES"，输入保存文件名后，系统自动开始采集实验数据。工作界面上出现两条曲线，上面红色曲线为温度-时间曲线，下面红色曲线为参比物与样品的温差-时间曲线。

（3）数据采集完成后，点击"停止实验"按钮停止采集任务，并自动保存实验数据。

（4）点击"读入历史数据"会弹出"读入实验数据""读入数据（叠加）""清空绘图区"3个子菜单。打开数据文件，点击文件名，打开，系统会自动弹出温度/温差-时间曲线图；此处可以重复调出多组实验数据（最多8组数据）。

（5）点击数据处理，可显示"温度-温差图"、打印"温度-温差图"。

（6）点击"打印设置/打印"，将屏幕所显示的曲线、坐标、工作参数和日期时间等输出到打印机。

（7）点击"退出"按钮，退出差热分析系统。

另外，NDTA-Ⅲ型差热分析软件具有鼠标实时数据显示功能和局部放大功能：鼠标放在图形的任何一处，即时显示该处的温度、温差；将鼠标点击放大按钮，然后在需要放大的位置上单击鼠标即使局部放大10倍，单击恢复按钮即可结束局部放大。

◆ 参考文献 ◆

[1] 孙尔康，高卫，徐维清，等 . 物理化学实验 . 第2版 . 南京：南京大学出版社，2010.

［2］　复旦大学等．物理化学实验．第 2 版．北京：　高等教育出版社，1993.
［3］　唐林，孟阿兰，刘红天．物理化学实验．北京：　化学工业出版社，2009.
［4］　NDTA-Ⅲ型差热分析仪及系统软件的使用说明，南大万和科技有限公司．

实验八
二组分溶液偏摩尔体积的测量

建议实验学时数：5 学时

一、　实验目的及要求

1. 掌握测定二组分溶液偏摩尔体积的方法。
2. 加深对偏摩尔量概念的认识。

二、　实验原理

热力学变量分为两种类型：广度性质和强度性质。广度性质也称容量性质，在一定条件下具有加和性；而强度性质是物质的固有属性，与物质的量无关。热力学函数中的广度性质有 V、U、H、S、A 和 G 等。以体积变量为例，一定条件下纯物质的体积具有加和性，其摩尔体积 V_m 是确定的，它是一个强度变量。

对于一个由组分 1、2、3、…、i 所组成的多组分体系，其任意一种广度性质 Q 除了与温度和压力有关外，还与各组分的含量有关。

$$Q = Q(T, p, n_1, n, \cdots, n_i) \tag{4.14}$$

当温度、压力或组成改变时，Q 也相应地改变：

$$dQ = \frac{\partial Q}{\partial n_1}dn_1 + \cdots + \frac{\partial Q}{\partial n_i}dn_i + \frac{\partial Q}{\partial p}dp + \frac{\partial Q}{\partial T}dT \tag{4.15}$$

恒温、恒压下，当组成有微小变化时，Q 相应的改变值定义为偏摩尔量，可用下式表示：

$$\overline{Q_i} = \left(\frac{\partial Q}{\partial n_i}\right)_{T,p,n_j(j \neq i)} \tag{4.16}$$

式中，j 代表除了 i 以外的其他组分。此式的物理意义是：在恒温、恒压下，当多组分体系中保持其他各组分的数量不变，组成 i 有微小变化时，加入 1mol 的 i 所引起的广度性质 Q 的改变。

对于单组分的纯物质，偏摩尔量与摩尔量相同，$\overline{Q} = Q_m$。

对于二组分体系，以广度性质体积变量 V 为例，有：

$$V = n_1\overline{V_1} + n_2\overline{V_2} \tag{4.17}$$

对于只含有一种溶质和一种溶剂的二组分溶液，当以 1kg 水（55.51mol）为溶剂，含有 m(mol) 的溶质时，溶液的总体积为：

$$V = n_1\overline{V_1} + n_2\overline{V_2} = 55.51\overline{V_1} + m\overline{V_2} \tag{4.18}$$

式中，下标 1 和 2 分别代表溶剂和溶质。

由 25℃时纯水的密度得到其摩尔体积 $\overline{V_1^0}$ 是：

$$\overline{V_1^0}=18.016g/mol/0.99704g/mL=18.069mL/mol$$

若以 Φ 表示溶质的表观摩尔体积，代入上式并整理，则得到：

$$\Phi=\frac{1}{n_2}(V-n_1\overline{V_1^0})=\frac{1}{m}(V-55.51\overline{V_1^0}) \tag{4.19}$$

其中溶液的总体积为：

$$V=\frac{1000+mM_2}{d} \tag{4.20}$$

$$n_i\overline{V_1^0}=\frac{1000}{d_0} \tag{4.21}$$

式中，溶液为 1000g 溶剂水中包含 m（mol）溶质所形成的；d 是溶液的密度；d_0 是纯溶剂的密度，单位都是 g/mL；M_2 是溶质的摩尔质量。

把方程式（4.20）和式（4.21）代入到方程式（4.19）中，得到

$$\Phi=\frac{1}{d}\left(M_2-\frac{1000}{m}\times\frac{d-d_0}{d_0}\right) \tag{4.22}$$

其中，密度可以通过直接称量一定体积的纯水的质量 W_w 及溶液的质量 W 来计算，此时 Φ 值可用以下方程计算：

$$\Phi=\frac{1}{d}\left(M_2-\frac{1000}{m}\times\frac{W-W_w}{W_w-W_0}\right) \tag{4.23}$$

式中，W_0 为空的比重瓶的质量。

现在，通过偏摩尔体积的定义式（4.16）和方程式（4.18）得到

$$\overline{V_2}=\left(\frac{\partial V}{\partial n_2}\right)_{T,p,n_1}=\Phi+n_2\left(\frac{\partial\Phi}{\partial n_2}\right)_{T,p,n_1}=\Phi+m\frac{d\Phi}{dm} \tag{4.24}$$

$$\overline{V_1}=\frac{1}{n_1}\left(n_1\overline{V_1^0}-n_2^2\left(\frac{\partial\Phi}{\partial n_2}\right)_{T,p,n_1}\right)=\overline{V_1^0}-\frac{m^2}{55.51}\frac{d\Phi}{dm} \tag{4.25}$$

绘制 Φ-m 的曲线，得到一条光滑曲线，在所需浓度的曲线处做切线，即得 $\dfrac{d\Phi}{dm}$。为了使数据处理变得更为简单方便，也可以进一步应用德拜-休克尔理论。

根据德拜-休克尔理论，对于稀溶液，Φ 呈线性变化，因此，

$$\frac{d\Phi}{dm}=\frac{d\Phi}{d\sqrt{m}}\times\frac{d\sqrt{m}}{dm}=\frac{1}{2\sqrt{m}}\times\frac{d\Phi}{d\sqrt{m}}$$

式（4.24）和式（4.25）变为：

$$\overline{V_2}=\Phi+\left(\frac{m}{2\sqrt{m}}\times\frac{d\Phi}{d\sqrt{m}}\right)=\Phi+\frac{\sqrt{m}}{2}\times\frac{d\Phi}{d\sqrt{m}} \tag{4.26}$$

$$\overline{V_1}=\overline{V_1^0}-\frac{m}{55.51}\left(\frac{\sqrt{m}}{2}\times\frac{d\Phi}{d\sqrt{m}}\right) \tag{4.27}$$

绘制 Φ-$\sqrt{m}$ 图，进行线性拟合，得到的截距为表观摩尔体积 Φ^0，斜率为 $d\Phi/d\sqrt{m}$，由此可以求得 $\overline{V_1}$ 和 $\overline{V_2}$。

三、 实验仪器与药品

1. 仪器：恒温水浴槽；电子天平 1 台；100mL 比重瓶（细颈容量瓶）1 只；200mL 容量瓶 5 只；200mL 试剂瓶 5 只；100mL 移液管 1 支；250mL 锥形瓶 1 只；250mL 和 100mL 的烧杯各 1 只；吸耳球 1 个；称量瓶 1 只；比重计 1 台；滤纸。

2. 药品：氯化钠（分析纯）。

四、 实验步骤

1. 设置恒温水浴温度为 25℃。

2. 准确称量配制 3mol/L 的 NaCl 水溶液 200mL，转移入试剂瓶中，标为 1 号溶液。用移液管移取此 1 号溶液 100mL，在容量瓶中用蒸馏水稀释成 200mL 的水溶液，转移入试剂瓶中，标为 2 号溶液。再取 2 号溶液 100mL，用容量瓶稀释成 200mL 的水溶液，标为 3 号溶液。同样的方法依此类推，配制成 2～5 号溶液，其浓度分别为 1 号溶液的 1/2、1/4、1/8 和 1/16。

3. 将空比重瓶置于 25℃ 的恒温水浴槽中，恒温至少 15min。保持比重计在水浴中，用滤纸仔细调节液面到基准标记。然后，从恒温水浴中取出比重瓶，尽快用毛巾和滤纸彻底擦干比重瓶的外壁，然后在电子天平上精确称量，将其质量标为 W_0，平行测定 3 次，取平均值。

4. 将比重瓶装满蒸馏水，以步骤 3 的方法称量，将其质量标为 W_w。

5. 将比重瓶冲洗、干燥后装满溶液 1，以步骤 3 的方法称量，将其质量标为 W_1。按照同样方法称量比重瓶中装满 2～5 号溶液时的质量，分别标为 W_2～W_5。

五、 数据处理

1. 准确计算每种溶液的浓度。

2. 依下式计算从而确定比重瓶的精确体积 V，其中纯水在 25℃ 时的密度 d 为 0.99704g/mL。

$$d = \frac{W_w - W_0}{V}$$

3. 计算每种溶液的密度。

$$d = \frac{W_{soln}}{V} = \frac{W_i - W_0}{V}$$

4. 通过下式，由每份溶液的体积摩尔浓度 M 计算溶液的质量摩尔浓度 b。

$$b = \frac{1}{1 - (M/d)(M_{NaCl}/1000)} \times \frac{M}{d} = \frac{1}{(d/M) - (M_2/1000)}$$

式中，M_{NaCl} 是溶质的摩尔质量（58.45g/mol）；d 是溶液的实验密度，g/mL。

5. 由下式计算每份溶液的偏摩尔体积 Φ。

$$\Phi = \frac{1}{d} \left(M_{NaCl} - \frac{1000}{m} \times \frac{d - d_0}{d_0} \right)$$

式中，d_0 是纯溶剂的密度，单位为 g/mL。

6. 绘制 Φ-$\sqrt{m}$ 曲线，通过线性拟合，得到斜率 $d\Phi/d\sqrt{m}$；由 $m = 0$ 处的截距得到 Φ^0

的值。

7. 计算 $m=0$、0.5、1.0、1.5、2.0、2.5 处的 $\overline{V_1}$ 和 $\overline{V_2}$。绘制 Φ-$\overline{V_1}$ 和 Φ-$\overline{V_2}$ 曲线。

8. 将测量和计算结果列表。

六、 实验注意事项

1. 比重瓶在每次更换溶液使用前都要进行冲洗和干燥；装满溶液后在恒温水浴中保持至少 15min。

2. 调节比重瓶中溶液液面时应保持比重计在水浴中。

3. 从恒温水浴槽中取出比重瓶后先迅速擦干其瓶壁的外部，再尽快称量。

4. 称量的时候要等示数稳定后再读数。

七、 思考题

1. 为什么纯物质的摩尔体积与其在混合体系中的偏摩尔体积不同？偏摩尔体积有可能小于零吗？

2. 试总结并分析本实验结果产生误差的原因。

◆ 参考文献 ◆

[1] 北京大学化学学院物理化学实验教学组.物理化学实验.第4版.北京：北京大学出版社，2002.

[2] 郑传明，吕桂琴.物理化学实验.第2版.北京：北京理工大学出版社，2015.

[3] 唐林，孟阿兰，刘红天.物理化学实验.北京：化学工业出版社，2010.

第5章 | 动力学实验

实验九
蔗糖水解速率常数的测定

建议实验学时数：5 学时

一、 实验目的及要求

1. 测定蔗糖转化反应的速率常数和半衰期。
2. 了解旋光仪的基本原理，掌握旋光仪的正确使用方法。
3. 了解反应的反应物浓度与旋光度之间的关系。

二、 实验原理

蔗糖溶液在有 H^+ 存在时，按下式进行水解：

$$C_{12}H_{22}O_{11}+H_2O \longrightarrow C_6H_{12}O_6+C_6H_{12}O_6$$

	蔗糖	葡萄糖	果糖
时间 $t=0$	c_0	0	0
$t=t$	c_0-c_x	c_x	c_x
$t=\infty$	0	c_0	c_0

式中，c_0 为反应物的初始浓度；c_x 为反应进行至 t 时刻的产物浓度；c_0-c_x 为反应进行至 t 时刻时反应物的浓度。

此反应中 H^+ 为催化剂。当 H^+ 浓度一定时，此反应在某时刻 t 的反应速率与蔗糖的浓度、水的浓度及催化剂 H^+ 的浓度有关。在反应过程中，催化剂 H^+ 的浓度是固定不变的，因此，蔗糖水解反应为二级反应。由于反应过程中水大大过量，故认为水的浓度在反应过程中不变，这样，蔗糖水解反应可以作为一级反应处理，速率方程式简化为：

$$r=-\frac{dc_{C_{12}H_{22}O_{11}}}{dt}=k_1c_{C_{12}H_{22}O_{11}} \tag{5.1}$$

其速率方程的积分式为：

$$k=\frac{2.303}{t}\times \lg \frac{c_0}{c_0-c_x} \tag{5.2}$$

式中，c_0 为反应开始时蔗糖的浓度；c_0-c_x 为反应至时刻 t 时蔗糖的浓度；k 为反应速率常数。若测得在反应过程中不同时刻对应的蔗糖浓度，代入上式就可以求出此反应的速率常数 k。

对于蔗糖水解成葡萄糖与果糖的实验，因反应物与生成物均具有旋光性，且旋光能力相差较大，故可用系统反应过程中旋光度的变化来度量反应过程中反应物浓度的变化。溶液的旋光度与溶液中所含旋光物质的旋光能力、溶剂性质、溶液的浓度及厚度、光源波长及温度等均有关系。当其他条件均固定时，旋光度 α 与反应物浓度 c 呈直线关系，即

$$\alpha = Kc$$

式中，K 为比例常数，K 与物质旋光能力、溶剂性质、样品管长度、温度等有关。

物质的旋光能力用比旋光度来度量，比旋光度用下式表示：

$$[\alpha]_D^{20} = \frac{\alpha \times 100}{l c_A}$$

式中，20 为实验温度，20℃；D 为指用钠灯光源 D 线的波长，即 589nm；α 为测得的旋光度；l 为样品管长度，dm；c_A 为浓度，g/100mL。作为反应物的蔗糖是右旋性物质，其比旋光度 $[\alpha]_D^{20} = 66.6°$；葡萄糖也是右旋性物质，其比旋光度 $[\alpha]_D^{20} = 52.5°$；但果糖是左旋性物质，其比旋光度 $[\alpha]_D^{20} = -91.9°$。由于生成物中果糖的左旋性比葡萄糖的右旋性大，因此随着水解反应的进行，体系的右旋角不断减小，反应至某一瞬间，体系的旋光度可恰好等于零，尔后就变成左旋，直至蔗糖完全转化。此时左旋角达到最大值 α_∞。

设最初的旋光度为 α_0，水解完全的旋光度为 α_∞，则

$$\alpha_0 = K_{反} c_0 \quad (t=0, 蔗糖尚未水解的旋光度) \tag{5.3}$$

$$\alpha_\infty = K_{生} c_0 \quad (t=\infty, 蔗糖完全水解后的旋光度) \tag{5.4}$$

式中，$K_{反}$ 和 $K_{生}$ 分别为反应物和生成物的比例常数；c_0 为反应物的初始浓度，也是生成物最后的浓度。当时间为 t 时，蔗糖溶液的浓度为 c，旋光度为 α_t。体系的旋光度具有加和性，则

$$\alpha_t = K_{反} c + K_{生} (c_0 - c) \tag{5.5}$$

由式(5.3)～式(5.5) 得

$$c_0 = \frac{\alpha_0 - \alpha_\infty}{K_{反} - K_{生}} = K(\alpha_0 - \alpha_\infty) \tag{5.6}$$

$$c = \frac{\alpha_t - \alpha_\infty}{K_{反} - K_{生}} = K(\alpha_t - \alpha_\infty) \tag{5.7}$$

将式 (5.6) 和式 (5.7) 代入式 (5.2)，得

$$\lg(\alpha_t - \alpha_\infty) = -\frac{k}{2.303} t + \lg(\alpha_0 - \alpha_\infty) \tag{5.8}$$

以 $\lg(\alpha_t - \alpha_\infty)$ 对 t 作图可得一直线，由直线的斜率可求得反应速率常数 k。因此只要测出蔗糖水解过程中不同时间的旋光度 α_t，以及蔗糖完全水解后的旋光度 α_∞，反应速率常数 k 就可以求得，进一步也可求算出 $t_{1/2}$。

一级反应的半衰期则用下式求得：

$$t_{1/2} = \frac{\ln 2}{k} = \frac{0.6932}{k} \tag{5.9}$$

若测出不同温度的反应速率常数 k，可以用阿伦尼乌斯（Arrhenius）公式求出反应在该温度范围内的平均活化能。

$$E_a = \frac{R T_1 T_2}{T_2 - T_1} \times \ln \frac{k_2}{k_1} \tag{5.10}$$

三、　实验仪器与药品

1. 仪器：WZZ-2A 型自动旋光仪 1 台；HK-2A 型超级恒温槽 1 台；旋光管 1 支；秒表 1 个；25mL 移液管 2 支；100mL 锥形瓶 2 只；100mL 容量瓶 1 只；50mL 烧杯 1 只。

2. 药品：蔗糖（化学纯）；1.8mol/L 盐酸。

四、　实验步骤

1. 配制 100mL 20％蔗糖溶液。

2. 开启旋光仪的电源开关，预热 5～10min，检查钠灯是否发光正常；开启恒温水浴，设定实验的目标温度为 25℃，开启循环水泵。

3. 分别用自来水和蒸馏水将旋光仪冲洗干净，将蒸馏水装满旋光管，形成凸液面，然后盖上玻璃片（注意旋光管内不能有气泡，否则需重新装液），旋紧套盖。注意不能用力过猛，以免压碎玻璃片。擦干旋光管的外壁，放入旋光仪中，在 25℃恒温 10min 后，按仪器的清零键校正仪器的零点。

4. 用移液管移取 25mL 蔗糖溶液置于一个锥形瓶中，另取一支移液管移取 25mL 1.8mol/L 盐酸溶液置于另一个锥形瓶中，将两个锥形瓶置于 25℃的恒温槽中恒温 10min，取出并擦干外壁的水珠，然后将盐酸倒入蔗糖溶液中，同时按秒表计时，迅速混合均匀。用少量的反应液荡洗旋光管两次，然后将反应液装满旋光管，旋上套盖，放进已预先恒温的旋光仪内。反应进行到 10min，开始读取旋光度数值并记录，以后每隔 3min 记录一次读数；1h 后，每隔 5min 记录一次读数，直到旋光度的读数为负值。

5. 采取与步骤 4 相同的测定方法在 35℃进行测定。当盐酸和蔗糖溶液反应 5min 记录第一个读数，每隔 3min 记录一次，直到旋光度的读数为负值。

6. 将步骤 3 中的剩余蔗糖溶液和 25mL 1.8mol/L HCl 溶液混合并置于 50～60℃的水浴中恒温反应 60min，取出后自然冷却至实验温度分别为 25℃和 35℃，测定旋光度 α_∞。

7. 实验结束后，关闭电源，将旋光管洗净干燥，防止盐酸腐蚀旋光管。

五、　数据处理

1. 将时间 t、旋光度 α_t、$(\alpha_t - \alpha_\infty)$ 及 $\lg(\alpha_t - \alpha_\infty)$ 列表。

2. 应用 Origin 或 Excel 软件绘制 $\lg(\alpha_t - \alpha_\infty)$-$t$ 图，由直线斜率分别求出两温度的反应速率常数 $k(T_1)$ 和 $k(T_2)$，由公式（5.9）计算两个反应温度下的半衰期 $t_{1/2}$，并将直线外推求出 $t=0$ 时的旋光度 α_0。

3. 根据实验求出的 $k(T_1)$ 和 $k(T_2)$，利用阿伦尼乌斯方程计算反应的平均活化能。

六、　实验注意事项

1. 旋光管管盖只要旋至不漏水即可，旋得过紧会造成旋光管破裂，或使玻璃片受力而产生应力，出现一定的假旋光。

2. 旋光仪中的钠光灯不宜长时间开启。当测定时间较长时，应熄灭，以免损坏。

3. 旋光度与温度有关系。对于大多数物质，用 $\lambda=589nm$（钠光）测定时，当温度升高 1℃时，旋光度约减少 0.3％。因此，在测定待测液体的旋光度时，事先必须充分恒温。

4. 实验结束后,将旋光管洗净干燥,以免盐酸腐蚀旋光管。

七、 思考题

1. 蔗糖水解速率与哪些因素有关?
2. 蔗糖溶液为什么可粗略配制?
3. 反应开始时,为什么将盐酸溶液倒入蔗糖溶液中,而不是将蔗糖溶液加到盐酸中?
4. 反应溶液中盐酸浓度对反应速率常数有无影响?

附录 5-1 WZZ-2A 型自动旋光仪的使用

旋光仪是用来测定物质旋光度的仪器,本实验采用 WZZ-2A 型自动旋光仪测量样品的旋光度。WZZ-2A 型自动旋光仪的操作面板示意图如图 5.1 所示,以下介绍仪器面板各按钮的使用方法及注意事项。

1. 使用方法

(1) 首先开启旋光仪的"电源"开关,再开启"光源"开关,使钠光灯在直流下点亮(若光源开关开启后钠光灯熄灭,须再将光源开关重复开启 1~2 次),预热 15min 后,钠光灯发光稳定。

(2) 按下"测量"开关,仪器处于自动平衡状态。按"复测"按钮 1~2 次,再按"清零"按钮清零。

(3) 取一清洗干净的旋光管,将其一端螺帽放上盖玻片和橡皮垫拧紧。从另一端装满蒸馏水或其他空白溶剂,将另一盖玻片盖上,放上橡皮垫,拧紧螺帽,将两端通光面盖玻片用擦镜纸擦干(注意旋光管的螺帽不宜旋得太紧,以免产生应力、影响读数)。然后将该旋光管放入样品室,盖上箱盖,待读数窗的数字稳定后,按"清零"按钮清零。

(4) 取出旋光管,倒出蒸馏水,装入待测液少量,冲洗数次后装满待测溶液。按相同的位置和方向放入样品室内,盖好箱盖。仪器读数窗自动显示出待测样品的旋光度。等到读数稳定后,读取旋光度的值。然后按下"复测"按键 2 次,记录读数,取 3 次测量结果的平均值。

(5) 仪器使用完毕后,应依次关闭测量、光源、电源开关。取出旋光管,先用自来水冲洗,再用蒸馏水洗净、晾干,样品室若洒有少量待测液,须用干毛巾擦干。

2. 使用旋光仪时应注意

(1) 旋光仪应存放在通风、干燥和温度适宜的地方,以免仪器受潮损坏。

(2) 旋光仪连续使用的时间不宜超过 4h。如果实验中使用时间较长,中间应关闭仪器 10~15min,待钠光灯冷却后再继续使用,以免灯管长时间受热造成使用寿命缩短。

(3) 旋光仪不用时,应将塑料罩子套上。

(4) 实验完毕后,取出旋光管并及时将溶液倒出,然后用自来水和蒸馏水将其洗涤干净。所

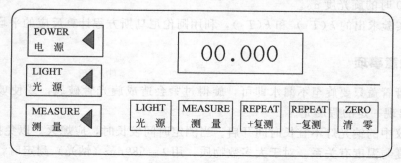

图 5.1 旋光仪操作面板示意图

有镜片均不能用手直接擦，应用擦镜纸或柔软的绒布擦干。

附录 5-2　超级恒温槽的使用

超级恒温槽是由循环水系统、加热器、电动搅拌机和智能控温器组成的，具有控温精度高和使用方便等优点。本实验采用南京南大万和科技有限公司生产的 HK-2A 型超级恒温槽进行加热、控温，控温范围在 3～100℃，控温精度 ±0.05℃，泵流量 ≥6L/min。HK-2A 型超级恒温槽的示意图见图 5.2，下面介绍该仪器的使用方法及注意事项。

1. HK-2A 型超级恒温槽的使用方法

(1) 循环泵的出水口用橡胶管连接在旋光管的进水口，将进水口连接在旋光管的出水口。

(2) 往水箱注入适量的蒸馏水，注意加热管至少应低于水面 5cm。

(3) 开启"电源"开关和"循环"开关，并调节循环泵的流量。

(4) 按"设定"按钮，开始设置目标温度，通过按"×10""+1"和"−1"键将实验温度（如 25℃）设置好，此时"控温"显示屏显示已设置的目标温度。

(5) "加热"显示屏显示水浴的实际温度，当"加热"显示屏显示的温度低于目标温度时，加热器自动加热，当水浴温度升高至设定的目标温度后，加热器自动停止加热。此时智能控温器自动控制水浴温度不变。

(6) 实验完毕后，依次关闭"循环"开关和"电源"开关。

2. 使用 HK-2A 型超级恒温槽应注意

(1) 水箱中加蒸馏水，以免水箱中各部件被自来水腐蚀。随着水箱中的水蒸发，水位低于最低水位线时，应及时补加适量的蒸馏水，以防加热器露出水面，甚至水蒸发干后会导致加热管爆裂。

(2) 超级恒温槽应放在通风良好的环境中使用。

(3) 若超级恒温槽长期不用，应将水箱中的水排尽，并用软布擦净、晾干。

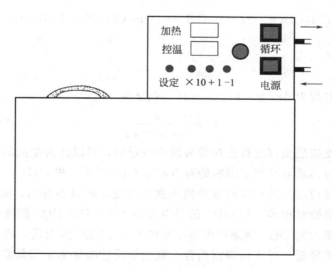

图 5.2　HK-2A 型超级恒温槽示意图

◆ **参考文献** ◆

[1]　罗鸣，石士考，张雪英. 物理化学实验. 北京：化学工业出版社，2012.

[2]　王军，杨冬梅，张丽君，等. 物理化学实验. 北京：化学工业出版社，2009.

［3］ 郑传明，吕桂琴．物理化学实验．第2版．北京：北京理工大学出版社，2015.

［4］ 上海索光 WZZ-2A 型自动旋光仪使用说明．

［5］ HK-2A 型超级恒温水浴的使用说明，南大万和科技有限公司．

实验十
乙酸乙酯皂化反应速率常数的测定

建议实验学时数：5 学时

一、 实验目的及要求

1. 掌握用电导法测定乙酸乙酯皂化反应的速率常数和活化能。
2. 了解二级反应的特点，学会图解法求二级反应的速率常数。
3. 掌握 DDS-11A 型电导率仪和超级恒温器的使用方法。

二、 实验原理

乙酸乙酯皂化是个典型的二级反应。设反应物初始浓度皆为 c_0，经时间 t 后消耗掉的反应物的浓度为 x

$$CH_3COOC_2H_5 + NaOH \Longrightarrow CH_3COONa + C_2H_5OH$$

$t=0$	c_0	c_0	0	0
$t=t$	c_0-x	c_0-x	x	x
$t=\infty$	0	0	c_0	c_0

该反应的速率方程为 $dx/dt = k(c_0-x)^2$，积分得

$$kt = \frac{x}{c_0(c_0-x)} \tag{5.11}$$

乙酸乙酯皂化反应的全部过程是在稀溶液中进行的，可以认为生成的 CH_3COONa 是完全电离的，因此，对体系电导值有影响的有 Na^+、CH_3COO^- 和 OH^-。Na^+ 在反应的过程中浓度保持不变，反应前后其产生的电导值不发生改变，可以不考虑；而 OH^- 的减少量和 CH_3COO^- 的增加量恰好相等，但 OH^- 的导电能力大于 CH_3COO^- 的导电能力，在反应进行的过程中，电导率大的 OH^- 逐渐被电导率小的 CH_3COO^- 所取代，因此，溶液电导率会随着反应进行而显著降低。对于稀溶液而言，强电解质的电导率 κ 与其浓度成正比，溶液的总电导率就等于组成该溶液的电解质电导率之和。

本实验采用电导法测量乙酸乙酯在皂化反应中电导率 κ 随时间 t 的变化。设 κ_0、κ_t、κ_∞ 分别代表时间为 0、t、∞（反应完毕）时溶液的电导率，因此在稀溶液中有：

$$\kappa_0 = A_1 c_0 \tag{5.12}$$

$$\kappa_\infty = A_2 c_0 \tag{5.13}$$

$$\kappa_t = A_1(c_0-x) + A_2 x \tag{5.14}$$

式中，A_1 与 A_2 是与温度、溶剂、电解质的性质有关的比例常数。由以上式（5.12）、式（5.13）和式（5.14）三式可以推出：

$$x = \frac{\kappa_0 - \kappa_t}{\kappa_0 - \kappa_\infty} c_0 \tag{5.15}$$

代入速率方程

$$k = \frac{1}{tc_0} \times \frac{x}{c_0 - x} \tag{5.16}$$

可以推出

$$k = \frac{1}{tc_0} \times \frac{\kappa_0 - \kappa_t}{\kappa_t - \kappa_\infty} \tag{5.17}$$

整理即得

$$\kappa_t = \frac{1}{c_0 k} \times \frac{\kappa_0 - \kappa_t}{t} + \kappa_\infty \tag{5.18}$$

因此，对于二级反应，以 κ_t 对 $\frac{\kappa_0 - \kappa_t}{t}$ 作图得到一条直线，直线的斜率为 $\frac{1}{c_0 k}$，由此可求出反应速率常数 k。由两个不同温度下的反应速率常数 $k(T_1)$ 和 $k(T_2)$，根据阿伦尼乌斯公式可求出该反应的活化能。

$$\ln \frac{k(T_2)}{k(T_1)} = \frac{E_a}{R} \times \frac{T_1 T_2}{T_2 - T_1} \tag{5.19}$$

三、　实验仪器与药品

1. 仪器：DDS-11A 型电导率仪 1 台；恒温槽 1 套；20mL 移液管 2 支；吸耳球 1 只；50mL 的烧杯 1 只；50mL 锥形瓶 3 只；秒表 1 只。

2. 药品：$CH_3COOC_2H_5$（分析纯）；0.1mol/L NaOH 溶液。

四、　实验步骤

1. 准确配制 0.1mol/L 的乙酸乙酯溶液 100mL；开启超级恒温槽的电源开关，设定目标温度为 25℃。

2. 将电极安装到电导率仪上，接好电源线，开启电源开关预热 3～5min，将校正、测量选择开关扳向"校正"，然后将仪器显示值调整到电极常数值，再将校正、测量选择开关扳向"测量"，然后选择合适的量程。

3. 电导率 κ_0 的测定：分别取 20mL 蒸馏水和 20mL 0.1mol/L NaOH 溶液加到干净、干燥的锥形瓶中，充分混合均匀后置于 25℃ 的恒温槽中，恒温 10min。电导电极用蒸馏水冲洗干净并用滤纸将水吸干，放入与水等体积混合后的氢氧化钠溶液中，记录电导率 κ_0 的值。

4. 电导率 κ_t 的测定：用两支移液管各移取 20mL 0.1mol/L 的乙酸乙酯溶液和 20mL 0.1mol/L 的 NaOH 溶液，分别置于两个锥形瓶中，将其置于 25℃ 水浴中恒温 10min 后，将乙酸乙酯溶液倒入氢氧化钠溶液中并混合均匀，同时用秒表计时，并将电导电极放入溶液中，从计时的第 2min 开始记录电导率的值，皂化反应前 10min 每隔 30s 记录一次电导率读数，10min 后，每隔 1min 记录一次读数，反应约 20min 即可停止实验。

5. 调节超级恒温槽目标温度为 35℃，将步骤 4 用过的锥形瓶洗净并干燥；按照上述步骤 3、4 测定 κ_0 和 κ_t。

6. 实验完毕，清洗玻璃仪器，关闭电源开关，整理实验台，烘干所用的玻璃仪器。

五、 数据处理

1. 将 κ_t、t、$\dfrac{\kappa_0 - \kappa_t}{t}$ 列成数据表。

2. 应用 Origin 或 Excel 软件绘制 κ_t-$\dfrac{\kappa_0 - \kappa_t}{t}$ 图，由直线斜率求出相应温度下的反应速率常数。

3. 由反应速率常数 k(298.15K) 和 k(308.15K)，根据阿伦尼乌斯公式求出该反应的活化能。

六、 实验注意事项

1. 配制好的 NaOH 溶液要防止空气中的 CO_2 气体进入。
2. 乙酸乙酯溶液和 NaOH 溶液浓度必须相同。
3. 乙酸乙酯溶液需要新鲜配制，以防止水解；配制时动作要迅速，以减少挥发损失。

七、 思考题

1. 为什么本实验要在恒温条件下进行，而且 NaOH 溶液和 $CH_3COOC_2H_5$ 溶液混合前还要预先恒温？

2. 如果 NaOH 溶液和 $CH_3COOC_2H_5$ 溶液的起始浓度不相等，应如何计算反应速率常数 k？

3. 为什么 NaOH 溶液与 $CH_3COOC_2H_5$ 溶液的浓度必须足够稀？若均为浓溶液，能否用此方法求得反应速率常数 k？

附录 5-3 DDS-11A 型电导率仪的原理与使用方法

DDS-11A 型电导率仪是一种数字显示的精密台式电导率仪，该仪器用于测定各种液体介质的电导率，广泛应用于科研、生产、教学和环境保护等许多学科和领域。当配以 0.1、0.01 规格常数的电导电极时，也可以测定高纯水的电导率。

1. 测量原理

在电解质的溶液中，带电离子在电场的作用下定向移动而传递电子，因此具有导电作用。导电能力的大小用电导 G 表示。由于电导是电阻的倒数，因此测定电导大小的方法可用一对相互平行、截面积和间距已知的电极（一般称为电导电极）浸入溶液中，在两电极间的水溶液构成传导电流的导体，测出两极间的电阻即可求得电导，结合公式进而可以计算出电导率。

根据欧姆定律，在温度一定时，电阻 R 与电极间距 l 成正比，与电极的横截面积 A 成反比，即：$R = \rho \dfrac{l}{A}$。

对于一个给定的电极，电极的截面积 A 与间距 l 都是固定不变的，因此 l/A 是个常数，称为电极常数，用 J 表示，因此上式可写成 $G = \dfrac{1}{R} = \dfrac{1}{\rho} \times \dfrac{A}{l} = \dfrac{1}{\rho J}$。

式中，$1/\rho$ 称为电导率，用 κ 表示，单位为 S/cm。因此 $\kappa = GJ$。

在工程上 "S/cm" 这个单位太大，常用 "微西门子/厘米" 或 "毫西门子/厘米" 作单位，

$1S/cm=10^3mS/cm=10^6\mu S/cm$。

依据上述原理设计的测量仪器称为电导率仪。电导率仪主要由电导电极和电阻测量单元两部分组成。电导率仪的工作原理如图 5.3 所示。左半部分是由电导电极、高频交流电源和量程电阻相互串联构成的测量回路；而右半部分则是由量程电阻、放大电路和显示仪表构成的放大显示回路。电导电极的两个测量电极板平行地固定在一个玻璃杯内，以保持两电极间的距离和位置不变，这样，电极的有效截面积 A 及其间距 l 均为定值。测量过程中为了减少由于溶液内离子成分向电极表面聚集而形成的极化效应，测量电导池电阻时，往往使用高频交流电源。当高频交流电源工作时，在电导电极和量程电阻两端分别产生电位差 E 和 E_m，则 R_x 可由式 $R_x=ER_m/E_m$ 求出。

J、R_m 和 E（实际上是由高频交流电源提供的 $E+E_m$）均为已知常数。测量过程中溶液电导率 κ 值的变化（即 R_x 的变化）会引起电导率仪测量回路中 E_m 的变化，该信号经放大电路放大、整流后，通过显示仪表显示出来，即实现了对溶液电导率 κ 值的测量。

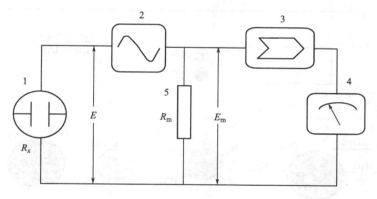

图 5.3　电导率仪工作原理图

1—电导电极；2—高频交流电源；3—放大器；4—显示仪表；5—量程电阻

2. 仪器的量程及测量范围

本电导率仪设有四挡量程，见图 5.4。

当选用电导电极规格常数 $J_0=1$ 的电极测量时，其量程显示范围如表 5.1 所示。

表 5.1　$J_0=1$ 时仪器各量程段对应量程显示范围

量程序号	量程	仪器显示范围	对应量程显示范围/$(\mu S/cm)$
1	$20\mu S$	$0\sim19.99$	$0\sim19.99$
2	$200\mu S$	$0\sim199.9$	$0\sim199.9$
3	$2mS$	$0\sim1.999$	$0\sim1999$
4	$20mS$	$0\sim19.99$	$0\sim19990$

注：量程 1、2 挡，单位 μS；量程 3、4 挡，单位 mS。换算关系：$1\mu S=10^{-3}mS=10^{-6}S$。

3. 电导电极的选择

与电导率仪配套的电导电极有：DJS-1 型光亮铂电极、DJS-1 型铂黑电极和 DJS-10 型铂黑电极。光亮电极用于测量较小的电导率（$0\sim10\mu S/cm$），而铂黑电极用于测量较大的电导率（$10\sim10^5\mu S/cm$）。通常选用铂黑电极，因为它具有较大的比表面积，能降低电流密度，减少或消除极化。但在测量低电导率溶液时，铂黑对电解质有强烈的吸附作用，易出现不稳定现象，这时宜选用光亮铂电极。一般在电导率低于 $10\mu S/cm$ 时使用光亮铂电极；电导率在 $10\mu S/cm\sim10mS/cm$ 时使用 DJS-1 铂黑电极；当电导率大于 $10mS/cm$ 时使用 DJS-10 铂黑电极，此时电极常数调到 1/10 的位置，测出的结果要乘以 10。

4. 温度补偿说明

一般情况下，液体的电导率是指该液体介质处于标准温度（25℃）时的电导率。当介质温度不在 25℃ 时，其液体电导率会有一个变量。为了等效消除这个变量，仪器设置了温度补偿功能。当仪器不采用温度补偿时，测得液体电导率为该液体在其测量时液体温度下之电导率；当仪器采用温度补偿时，测得液体电导率已换算为该液体在 25℃ 时之电导率值。

本仪器温度补偿系数为每摄氏度 2%，所以在做高精密测量时，尽量不采用温度补偿，而应采用测量后查表或将被测液体在 25℃ 恒温后测定其电导率值。

5. 电导率仪的使用方法

DDS-11A 型电导率仪的面板如图 5.4 所示。

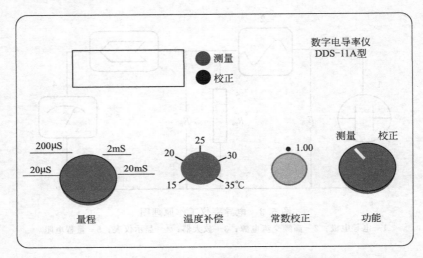

图 5.4　DDS-11A 型电导率仪的面板图

（1）常数校正

同一规格常数的电极，其实际电导池常数的存在范围 $J_{实}=(0.8\sim1.2)J_0$。为了消除这一实际存在的偏差，仪器设有常数校正功能。

① 第一种情况：不采用温度补偿（基本法）

开启仪器的电源开关，适时等温。温度补偿旋钮调至 25℃ 刻度值。将仪器功能旋钮调至"校正"挡，缓慢调节常数校正钮，使仪器显示电导池实际常数值（一般标在电极相应位置上）。即当 $J_{实}=J_0$ 时，仪器显示 1.000；若电极常数 $J_0=0.972$ 时，调节仪器"常数校正"旋钮使仪器显示读数为 0.972。校正完毕，将功能旋钮调至"测量"挡。

② 第二种情况：采用温度补偿（温度补偿法）

调节温度补偿旋钮，使其指示的温度值与溶液温度相同，校正方法同①。

（2）电导率的测定方法

① 连接电源线，开启电源开关，预热 10min。

② 将"温度补偿"旋钮置于被测液的实际温度的相应位置上。当温度旋钮置于 25℃ 位置时，则无补偿作用。

③ 将功能旋钮扳向"校正"挡，调节"常数"旋钮使显示的读数与所使用的电极常数值

一致。

④ 将功能旋钮置于"测量"挡，选用适当的量程挡（参照表 5.1），将洁净的电极放入被测液体中，待显示稳定后，仪器显示数值即为被测液在溶液温度下的电导率。如果显示值首位为 1，后三位数字熄灭，表明被测值超出量程范围，需要将"量程"旋至高一档量程进行测量。若读数很小，为了提高测量的精度，需要将"量程"切换至低一挡的量程。（注意：测量过程中，每切换一次量程都必须校正一次，以免造成测量误差。）

⑤ 测量结束后，关闭电导率仪的电源开关，用蒸馏水淋洗电极，并保持其干燥（勿用任何物品擦拭电极的铂黑面）。

6. 注意事项

（1）电极应置于清洁干燥的环境中保存，电极的引线不能潮湿，否则测量不准确。

（2）测量时，为保证样品溶液不被污染，电极应用去离子水（或二次蒸馏水）冲洗干净，并用样品溶液适量冲洗。

（3）测定一系列浓度待测液的电导率，应注意按照浓度由小到大的顺序测定。

（4）盛待测液的容器必须洁净，没有其他离子污染。

（5）电极要轻拿轻放，切勿触碰铂黑。

（6）清洗电极后，用滤纸吸干电极表面的电导水，切勿损伤电极。

（7）在测量时，能在低一挡量程内测量的，不放在高一挡测量。

（8）对于电导率不同的体系，应采用不同的电极。

◆ **参考文献** ◆

[1]　孙尔康，高卫，徐维清，等. 物理化学实验. 第 2 版. 南京：南京大学出版社，2010.
[2]　复旦大学等. 物理化学实验. 第 2 版. 北京：高等教育出版社，1993.
[3]　北京大学化学学院物理化学实验教学组. 物理化学实验. 第 4 版. 北京：北京大学出版社，2002.
[4]　罗鸣，石士考，张雪英. 物理化学实验. 北京：化学工业出版社，2012.
[5]　DDS-11A 型电导率仪的使用说明.

实验十一
B-Z 振荡反应

建议实验学时数：6 学时

一、实验目的及要求

1. 了解 B-Z 振荡（Belousov-Zhabotinski）反应的基本原理，体会自催化过程是产生振荡反应的必要条件。

2. 了解溶液配制要求及反应物投放顺序，观察化学振荡现象。

3. 初步理解耗散结构系统远离平衡的非线性动力学机制。

二、 实验原理

在化学反应中，反应产物本身可作为反应催化剂的化学反应称为自催化反应。一般的化学反应最终都能达到平衡状态（组分浓度不随时间而改变）。而在自催化反应中，有一类是发生在远离平衡态的体系中，在反应过程中的一些参数（如压力、温度、热效应等）或某些组分的浓度会随时间或空间位置周期性地变化，人们称为"化学振荡"。由于化学振荡反应的特点，如体系中某组分浓度的规律变化在适当条件下能显示出来时，可形成色彩丰富的时空有序现象（如空间结构、振荡、化学波等）。化学振荡属于时间上的有序耗散结构。

别洛索夫（Belousov）在 1958 年首先报道了以金属锌离子作催化剂在柠檬酸介质中被溴酸盐氧化时，某中间产物浓度随时间周期性变化的化学振荡现象，扎勃丁斯基（Zhabotinski）进一步深入研究并在 1964 年证明化学振荡体系还能呈现空间有序周期性变化现象。为纪念他们最早期的研究成果，将后来发现大量的可呈现化学振荡的含溴酸盐的反应体系称为 B-Z 振荡反应，这也是目前研究较多、较清楚的典型耗散结构系统。B-Z 体系是指由溴酸盐、有机物在酸性介质中，有时还有金属离子催化剂构成的体系。

R. J. Fiela、E. Koros、R. Noyes 等人通过实验对 B-Z 振荡反应做出了解释，称为 FKN 机理。FKN 机理认为丙二酸在硫酸介质中及金属铈离子的催化作用下被溴酸氧化。在过量丙二酸存在时，净反应过程为：

$$2BrO_3^- + 3CH_2(COOH)_2 + 2H^+ \Longrightarrow 2BrCH(COOH)_2 + 3CO_2\uparrow + 4H_2O$$

真实反应过程是比较复杂的，该反应系统中 $HBrO_2$ 中间物是至关重要的，它导致反应系统自催化过程发生，从而引起振荡反应。根据 FKN 机理，B-Z 振荡反应不少于 11 个单元反应，若抓住其中 3 个关键物质，$HBrO_2$、Br^-、Ce^{4+}/Ce^{3+}，则可以简化为用 6 个元反应来描述：

过程 A：当 $[Br^-]$ 足够大时

① $BrO_3^- + Br^- + 2H^+ \longrightarrow HBrO_2 + HOBr$ （慢）

② $HBrO_2 + Br^- + H^+ \longrightarrow 2HOBr$ （快）

其中，反应①是速率控制步骤，达到准定态时，有 $[HBrO_2] = \dfrac{k_1}{k_2}[BrO_3^-][H^+]$

此处 HOBr 一旦生成，立即与丙二酸反应，被消耗。

过程 B：当 $[Br^-]$ 较小时，Ce^{3+} 按下式被氧化。

③ $BrO_3^- + HBrO_2 + H^+ \longrightarrow 2BrO_2\cdot + H_2O$ （慢）

④ $BrO_2\cdot + Ce^{3+} + H^+ \longrightarrow HBrO_2 + Ce^{4+}$ （快）

⑤ $2HBrO_2 \longrightarrow BrO_3^- + HOBr + H^+$

其中，反应③是速率控制步骤，反应经过③、④将自催化产生 $HBrO_2$。当达到准定态时 $[HBrO_2] \approx \dfrac{k_3}{2k_5}[BrO_3^-][H^+]$。

当 $[Br^-]$ 足够大时，$HBrO_2$ 按反应②消耗，随着 $[Br^-]$ 的降低，反应③同时对 $HBrO_2$ 竞争，即 Br^- 与 BrO_3^- 竞争 $HBrO_2$。当 $k_2[Br^-] > k_3[BrO_3^-]$ 时，自催化反应③不可能发生。自催化是 B-Z 振荡反应中必不可少的步骤，否则振荡反应不能发生。Br^- 的临界

浓度为 $[Br^-]_{临界} > \dfrac{k_3}{k_2}[BrO_3^-] \approx 5 \times 10^{-6}[BrO_3^-]$。

过程 C：Br^- 再生

⑥ $4Ce^{4+} + BrCH(COOH)_2 + H_2O + HOBr \longrightarrow 2Br^- + 4Ce^{3+} + 3CO_2 + 6H^+$

过程 A、B、C 合起来组成反应系统中的一个振荡周期。

体系中存在着两个受 Br^- 浓度控制的过程，即 A 和 B。当体系中 $[Br^-]$ 高于临界浓度 $[Br^-]_{临界}$ 时发生过程 A，$[HBrO_2]$ 通过自催化迅速增加，导致 Br^- 被迅速消耗；当体系中 $[Br^-]$ 减小到低于临界浓度 $[Br^-]_{临界}$ 时，系统从 A 过程切换到 B 过程，最后通过 C 过程使 Br^- 再生，从而完成一个振荡循环。当 Br^- 浓度积累至高于临界浓度 $[Br^-]_{临界}$ 时，系统又从 B 过程切换到 A 过程，因此，Br^- 在振荡反应中相当于"选择开关"作用，即 Br^- 控制着从 A 到 B 的过程，再由 B 到 A 的过程的转变。铈离子在反应中起催化作用，催化 B 过程和 C 过程，$[Ce^{3+}]$ 和 $[Ce^{4+}]$ 随时间发生周期性的变化。由于 Ce^{4+} 呈黄色而 Ce^{3+} 无色，因此可以观察到溶液的颜色在黄色和无色之间周期性地振荡。总之，Br^-、Ce^{3+} 和 Ce^{4+} 在反应过程中浓度随时间会出现周期性变化，而 BrO_3^- 和 $CH_2(COOH)_2$ 在反应过程中不断消耗，不会再生。

在实验过程中，溶液的电势随物种浓度的变化而发生周期性的变化，因此通过记录电势随时间的变化曲线就可以推测溶液中发生的变化。振荡曲线可用振荡诱导期、振荡周期、振荡寿命和振幅四个参数进行描述，如图 5.5 所示。

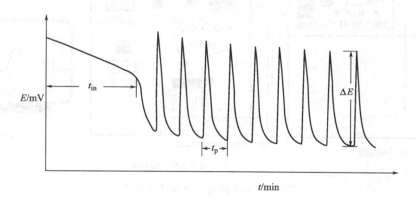

图 5.5　B-Z 振荡曲线

通过振荡曲线，得到以下振荡参数。

振荡诱导期 t_{in}：从反应开始到出现振荡的时间。

振荡周期 t_p：完成一次振荡循环所需的时间。

振荡寿命 t_1：从开始振荡到体系振荡结束所需的时间。

振幅 ΔE：每次振荡循环的最高点与最低点的电势差。

通过振荡曲线提供的信息，可以深入了解振荡反应及影响反应的各类因素，如：

① 温度对 B-Z 振荡反应的影响及反应活化能　升高温度可缩短 t_{in}、t_p 及 t_1，即可加速体系的振荡反应。可以通过测定不同温度下的 t_{in} 和 t_p 来估算表观活化能 E_a。

在实验中，如果用 $1/t_{in}$ 和 $1/t_p$ 来衡量在诱导期和振荡期间内反应速率的快慢，诱导期速率常数 $k_{in} = \dfrac{1}{t_{in}}$，振荡速率常数 $k_p = \dfrac{1}{t_p}$，根据阿仑尼乌斯公式 $k = A\exp\left(\dfrac{-E_a}{RT}\right)$，得

$\ln k_{in} = \ln A - \dfrac{E_{a, \, in}}{RT}$，可以通过不同温度下 t_{in} 和 t_p 的测定值，来求算在反应诱导期的表观活化能 $E_{a, in}$ 和反应振荡期的表观活化能 $E_{a, p}$。

② 反应物浓度的影响 反应物浓度对振荡反应的影响主要表现在对 t_{in}、t_p 及 t_l 的影响上。采用固定反应温度和其他反应物浓度，只改变一种反应物浓度的方法，测定 t_{in}、t_p 及 t_l 随反应物浓度的变化关系，以其对数作图，在一定浓度范围内可得直线。根据直线的斜率，可求得振荡反应各参数与各反应物浓度之间的定量关系。

③ 酸度的影响 B-Z 反应必须在酸性介质中进行，其中研究最多的是以 H_2SO_4 为介质的反应，增加酸度一般可缩短 t_{in} 及 t_p，加快振荡反应。有时可用非氧化性的酸，如 H_3PO_4 代替 H_2SO_4。对某些 B-Z 反应体系，酸度的变化会影响到反应机理以致产生一系列复杂的振荡现象。

本实验使用 HK-2A 型超级恒温槽、BZOAS-ⅡS 型 B-Z 振荡反应系统和计算机进行 B-Z 振荡实验，装置示意图如图 5.6 所示。通过数据采集接口系统测定 Pt 电极与参比电极间的电势及温度传感器的信号，经通信口自动传送到计算机，计算机自动采集处理数据。

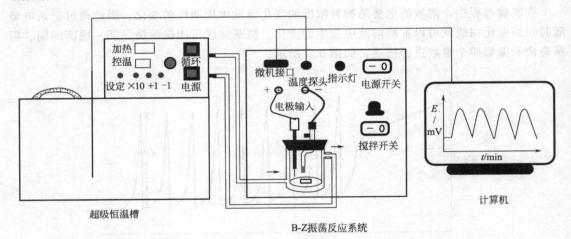

图 5.6 B-Z 振荡反应装置示意图

三、 实验仪器与药品

1. 仪器：反应器 100mL 1 只；HK-2A 型超级恒温槽 1 台；BZOAS-ⅡS 型 BZ 振荡反应实验系统 1 套；计算机 1 台；移液管 4 支；217 型甘汞电极 1 支；213 型铂丝电极 1 支。

2. 药品：丙二酸（分析纯）；溴酸钾（优级纯）；硫酸铈铵（分析纯）；浓硫酸（分析纯）；1mol/L 硫酸溶液。

四、 实验步骤

1. 分别配制下列溶液：0.45mol/L 丙二酸 250mL；0.25mol/L 溴酸钾 250mL；4×10^{-3} mol/L 硫酸铈铵 250mL；3.00mol/L 硫酸溶液 250mL。

2. 连接好振荡反应装置（图 5.6），开启超级恒温槽的电源开关，开启循环泵，然后将目标温度设定到 (25.0±0.1)℃。

3. 开启计算机和 B-Z 振荡反应数据采集接口装置的电源开关，计算机桌面上双击 B-Z 振荡反应实验软件图标，进入主菜单，按照本实验附录 5-4 中的方法进行温度参数校正。

4. 进行参数设置。方法是：进入参数设置菜单，设置横坐标极值为 600s；纵坐标极值为 1300mV；纵坐标零点 800mV；起波阈值为默认值 6mV；画图起始点设定为实验一开始就画图；设置目标温度为 25.0℃，然后点击确定。

5. 在恒温反应器中依次加入配好的丙二酸、硫酸、溴酸钾各 15mL，并放入磁力搅拌子，开启磁力搅拌器，调节到合适的搅拌速率。取硫酸铈铵溶液 15mL，放入一锥形瓶中，置于恒温槽水浴中。

6. 反应液恒温 10min 后，将恒温后的硫酸铈铵溶液倒入反应器中，然后点击软件界面上"实验操作"的下拉菜单中的"开始实验"。

7. 系统开始采集记录显示电位信号。观察溶液颜色的周期性变化，记录起波时间，电脑同步记录相应的电势曲线。待画完 6 个振荡周期后，单击"停止实验"键，停止信号采集。自动弹出"数据是否保存？"，点击"是"，输入文件名，使用默认的文件扩展名 *.txt。此时可以单击"查看峰谷值"，观察各波的峰、谷值。

8. 把反应器中的溶液倒掉，先用自来水清洗，再用蒸馏水洗净，擦干；电极用蒸馏水淋洗干净，并用滤纸将水吸干。

9. 单击"修改目标温度"键，设置温度为 30.0℃。将超级恒温槽温度设定至 30.0℃。待软件系统显示温度到达设定值后，按照 5～8 的步骤完成温度为 30℃ 的实验。同样方法进行 35℃、40℃、45℃、50℃时的实验。

10. 实验完成后，单击"数据处理"键，输入实验温度及各温度下相应的起波时间，并输入本次实验的温度点"6"，然后点击"计算"，数据处理结果自动显示在软件操作的界面上，点击"文件"的下拉菜单"截图"，可选中数据处理界面进行截图，粘贴在新建的 word 文档中，若点击"打印"，可直接打印数据处理的结果。

11. 清洗电极和反应器，关闭所有仪器（B-Z 振荡反应实验系统、超级恒温槽、计算机）的电源开关。

五、数据处理

1. 对振荡曲线进行解释。

2. 根据 t_{in} 与温度数据绘制 $\ln(1/t_{in}) - 1/T$ 图，求出表观活化能。

作图有两种方法。

① 进入 B-Z 振荡反应软件，进入"数据处理"菜单，对实验数据进行处理，详见实验步骤 10。

② 利用 Origin、Excel 等数据处理软件作图。

六、实验注意事项

1. 实验中对溴酸钾试剂纯度要求高，为 GR 级；其余均为 AR 级。

2. 217 型甘汞电极用 1mol/L H_2SO_4 作液接。

3. 配制 4×10^{-3} mol/L 的硫酸铈铵溶液时，一定要在 0.2mol/L 的硫酸介质中配制，防止发生水解呈浑浊。

4. 反应容器一定要洁净，磁力搅拌子的搅拌速率要调节合适。

七、 思考题

1. 什么是化学振荡现象？产生化学振荡需要什么条件？
2. 影响诱导期的主要因素有哪些？
3. 本实验记录的电势主要代表什么意思？它与 Nernst 方程求得的电势有何不同？

附录 5-4　BZOAS-ⅡS 型微机测定 B-Z 振荡反应系统的仪器及使用方法

1. 仪器简介

BZOAS-ⅡS 型微机测定 B-Z 振荡反应系统装置示意图见图 5.6，仪器板上有微机接口通过通讯线缆与计算机连接，温度探头与温度传感器连接。仪器的面板上有磁力搅拌台、电源开关、搅拌开关、搅拌调节旋钮和电极输入。铂电极接"电极输入"的正极，硫酸电极接"电极输入"的负极。注意：硫酸电极是甘汞电极中的 NaCl 用 1mol/L 硫酸替换得到的。用乳胶管将"超级恒温水浴"的出水口和进水口分别与反应杯的进水口和出水口连接，开启循环泵后，循环水接通。

2. B-Z 振荡反应系统软件使用方法介绍

开启计算机，双击桌面上 B-Z 振荡反应软件的图标，即进入软件首页，如果要进行实验，按继续键进入主菜单。进入主菜单后，可见菜单选项：参数校正、参数设置、开始实验、数据处理、退出，下面分别进行介绍。

（1）参数校正

开始实验之前，先进行参数校正。参数校正菜单中有"温度参数校正"和"电压参数校正"两个子菜单项，电压参数一般情况下不需要校正，下面以温度参数校正为例，完成温度传感器的定标工作。使用方法如下。

① 开启 B-Z 振荡反应数据采集接口装置的电源开关，点击温度参数校正子菜单，观察温度传感器传送来的信号。把温度传感器放入 25℃ 的恒温水浴中，待传感器的信号稳定后，然后输入当前温度值 25℃，按下低点部位的确定键，低点温度校正完成。

② 将一个水银温度计和温度传感器同时放入装有 35℃ 热水的烧杯中，待传感器的信号稳定后，输入由水银温度计指示的当前温度值 35℃，然后按下高点部位的确定键，高点温度校正完成。

③ 再点击页面下方的确定键。至此，温度参数校正完毕。

（2）参数设置

参数设置菜单中有"横坐标设置""纵坐标极值""纵坐标零点""起波阈值""目标温度"五个子菜单项和"确定""退出"两个功能按钮。

①"横坐标设置"用于设置实验绘图区横坐标，单位为 s，如可设置 600s。

②"纵坐标零点"和"纵坐标极值"分别用于设置实验绘图区的纵坐标零点和最大值，单位为 mV。设置纵坐标极值和零点这两项参数，须根据实验中 B-Z 反应波形的经验值来调整。例如：一般 B-Z 振荡实验的电势波动范围为 650～950mV，则可设纵坐标零点为 600mV，极值为 1000mV。

③"起波阈值"默认设置为 6mV，一般不需改变。

④"目标温度"用于设定实验的反应温度，设置完成后，程序即自动进行控温至目标温度。

⑤ 设置完上述参数后，按下确定键，然后按退出按钮退出此菜单。

（3）开始实验

具体操作步骤见"实验步骤"中 4～8，在此不赘述。振荡反应开始后，系统软件自动监控 B-Z 振荡反应信号，一旦确认起波后系统将自动开始在绘图区中绘制 B-Z 振荡曲线，并记录起波时间及波形极值。确认起波后，反应时间到达横坐标极值后，系统将自动停止记录并把所得实验数据以 ∗·DAT 格式保存。

（4）数据处理

数据处理菜单中有"使用当前实验数据进行数据处理""从数据文件中读取数据""打印"三个子菜单项和"退出"功能按钮。

① 按"使用当前实验数据进行数据处理"钮，即可将操作者输入的实验数据进行处理。计算机自动画出 $\ln(1/t)-1/T$ 图并求出表观活化能。

② 点击"从数据文件中读取数据"后，操作者根据提示输入需读取数据的文件名，读入数据后再按上面步骤①的操作即可。

③ 数据处理完毕，点击"退出"按钮，即退出数据处理界面。

（5）退出

实验完毕，点击"退出"按钮，从 B-Z 振荡反应的系统软件中退出。

◆ 参考文献 ◆

［1］ 孙尔康，高卫，徐维清，等.物理化学实验.第 2 版.南京：南京大学出版社，2010.
［2］ 罗鸣，石士考，张雪英.物理化学实验.北京：化学工业出版社，2012.
［3］ 王军，杨冬梅，张丽君，等.物理化学实验.北京：化学工业出版社，2009.
［4］ 郑传明，吕桂琴.物理化学实验.第 2 版.北京：北京理工大学出版社，2015.
［5］ 黄震，周子彦，孙典亭.物理化学实验.北京：化学工业出版社，2009.

实验十二
丙酮碘化反应级数的测定

建议实验学时数：4 学时

一、 实验目的及要求

1. 掌握用孤立法确定反应级数的方法。
2. 测定酸催化作用下丙酮碘化反应的速率常数。
3. 通过本实验加深对复杂反应特征的理解。

二、 实验原理

大多数化学反应是复杂反应，其中包含了若干个基元反应，反应级数是根据实验的结果而确定的，并不能从化学计量方程式应用质量作用定律推导而得。用实验方法测定反应速率和反应物活度的计量关系，是研究反应动力学的一个重要内容。对复杂反应可采用一系列实验方法获得可靠的实验数据，并据此建立反应速率方程式，推测反应机理，提出反应模式。

确定反应级数的方法通常有孤立法（微分法）、半衰期法、积分法，其中孤立法是动力学研究中的常用的一种方法。通过设计一系列溶液，其中只有某一物质的浓度不同，而其他物质浓度均相同，借此可以求得反应对该物质的级数。同样亦可以得到各种作用物的级数，从而确立速率方程。本实验用孤立法确定丙酮碘化反应的反应级数，从而确定丙酮碘化反应速率方程。

酸催化的丙酮碘化反应是一个复杂反应，其反应式为：

$$CH_3COCH_3 + I_2 \underset{}{\overset{H^+}{\rightleftharpoons}} CH_3COCH_2I + I^- + H^+$$

$$\text{丙酮} \qquad\qquad\qquad \text{碘化丙酮}$$

丙酮碘化反应的反应机理可分为两步：

$$CH_3COCH_3 + H^+ + H_2O \underset{k_2}{\overset{k_1}{\rightleftharpoons}} CH_3C(OH)CH_2 + H_3O^+$$

$$CH_3C(OH)CH_2 + I_2 \overset{k_3}{\longrightarrow} CH_3COCH_2I + I^+ + H^+$$

第一步为丙酮烯醇化反应，其速率常数较小，是一个很慢的可逆反应（速控步骤）；第二步是烯醇碘化反应，它是一个快速的且能进行到底的反应。因此，丙酮碘化反应的总速率是由丙酮的烯醇化反应的速率决定，丙酮的烯醇化反应的速率取决于丙酮及氢离子的浓度。如果以碘化丙酮浓度的增加来表示丙酮碘化反应的速率，则此反应的动力学方程式可表示为：

$$-\frac{dc_{I_2}}{dt} = kc_A^x c_{H^+}^y c_{I_2}^z \tag{5.20}$$

式中，c_A、c_{H^+}、c_{I_2} 分别为丙酮（A）、盐酸和碘的浓度；x、y、z 分别为丙酮、氢离子、碘的反应级数；k 为速率常数。将上式两边同时取对数得：

$$\lg\left(-\frac{dc_{I_2}}{dt}\right) = \lg k + x \lg c_A + y \lg c_{H^+} + z \lg c_{I_2} \tag{5.21}$$

由上式可以看出，反应级数 x、y、z 分别是 $\lg\left(-\dfrac{dc_{I_2}}{dt}\right)$ 对 $\lg c_A$、$\lg c_{H^+}$、$\lg c_{I_2}$ 的偏微分，可以采用图解法进行数据处理：在 3 种物质中，固定两种物质的浓度，配制出第 3 种物质浓度不同的一系列溶液，测定 I_2 浓度的变化，以 $\lg\left(-\dfrac{dc_{I_2}}{dt}\right)$ 对该组分浓度的对数作图，所得斜率即为该物质在此反应中的反应级数。

碘在可见光区有一个很宽的吸收带，而在这个吸收带中盐酸、丙酮、碘化丙酮和氯化钾溶液则没有明显的吸收，所以采用分光光度法直接观察碘浓度随时间的变化，以跟踪反应的进程。根据朗伯-比尔定律：

$$A = \lg\frac{1}{T} = \lg\frac{I_0}{I} = \varepsilon b c_{I_2}$$

从而有：

$$A = \varepsilon b c_{I_2} \tag{5.22}$$

式中，A 为吸光度；T 为透光率；I 和 I_0 分别为某一波长的光线通过待测溶液和空白溶液的光强度；ε 为吸光系数；b 为比色皿厚度。测出反应体系不同时刻 t 的吸光度，作 A-t

图，其斜率为：

$$\frac{\mathrm{d}A}{\mathrm{d}t} = \varepsilon b \frac{\mathrm{d}c_{\mathrm{I}_2}}{\mathrm{d}t} \quad \text{或} \quad -\frac{\mathrm{d}c_{\mathrm{I}_2}}{\mathrm{d}t} = -\frac{1}{\varepsilon b} \times \frac{\mathrm{d}A}{\mathrm{d}t} \tag{5.23}$$

若已知 ε 和 b，即可计算出反应速率。

若在反应过程中，丙酮的浓度远大于碘的浓度，且催化剂酸的浓度也足够大，而用少量的碘来限制反应程度，这样，在碘完全消耗之前，丙酮和酸的浓度可以认为基本保持不变，即 $c_{\mathrm{A}} \approx c_{\mathrm{H}^+} \gg c_{\mathrm{I}_2}$（本实验浓度范围：丙酮浓度为 $0.1 \sim 0.4\mathrm{mol/L}$，氢离子浓度为 $0.1 \sim 0.4\mathrm{mol/L}$，碘的浓度为 $0.0001 \sim 0.01\mathrm{mol/L}$）。实验发现 $A\text{-}t$ 图为一条直线，表明反应速率与碘的浓度无关，说明丙酮碘化反应对碘是零级反应，即 $z = 0$。同时，可以认为反应过程中 c_{A} 和 c_{H^+} 保持不变，对速率方程式(5.20)两边积分得：

$$c_{\mathrm{I}_{21}} - c_{\mathrm{I}_{22}} = k c_{\mathrm{A}}^x c_{\mathrm{H}^+}^y (t_2 - t_1)$$

将 $A = \varepsilon b c_{\mathrm{I}_2}$ 代入上式并整理得：$k = \dfrac{A_1 - A_2}{t_2 - t_1} \times \dfrac{1}{\varepsilon b} \times \dfrac{1}{c_{\mathrm{A}}^x c_{\mathrm{H}^+}^y}$

由于 A 对 t 作图为直线，$\dfrac{A_2 - A_1}{t_2 - t_1} = \dfrac{\mathrm{d}A}{\mathrm{d}t}$，所以

$$k = -\frac{\mathrm{d}A}{\mathrm{d}t} \times \frac{1}{\varepsilon b} \times \frac{1}{c_{\mathrm{A}}^x c_{\mathrm{H}^+}^y} \tag{5.24}$$

由两个或两个以上温度的速率常数，就可以根据阿伦尼乌斯（Arrhenius）关系式估算反应的活化能。

$$\ln \frac{k_2}{k_1} = \frac{E_{\mathrm{a}}}{R} \left(\frac{1}{T_1} - \frac{1}{T_2} \right) \quad \text{或} \quad E_{\mathrm{a}} = 2.303 R \frac{T_1 T_2}{T_2 - T_1} \lg \frac{k_2}{k_1} \tag{5.25}$$

三、　实验仪器与药品

1. 仪器：722 型分光光度计 1 台；秒表 1 块；带保温套的样品池 1 只；超级恒温槽 1 台；50mL 和 100mL 容量瓶各 4 个；5mL 和 10mL 移液管各 3 支。

2. 药品：2.00mol/L 丙酮溶液；2.00mol/L 盐酸；0.01mol/L 碘溶液。

四、　实验步骤

1. 调节分光光度计

（1）开启超级恒温水浴槽，将水浴温度调至（25±0.1）℃。开启分光光度计的电源开关，预热 20min。

（2）将可见分光光度计波长调到 520nm，合上盖板，选择"透射"模式，用纯水校正分光光度计。在恒温比色皿样品池中装满蒸馏水，在（25.0±0.1）℃时放入暗箱并使其处于光路中。调节拉杆位置到"调零"挡，按下"0％T"使读数显示 0.00。调节拉杆位置使装有蒸馏水的比色皿进入光路，用"100％T"按键使读数显示 1.00，然后将比色皿取出，把水倒掉。测量时，选择挡调至"吸光度"（A）模式。

2. 测定吸光系数

用 50mL 容量瓶配制 0.001mol/L 碘溶液，在 25℃恒温水浴中恒温 10min，用少量的碘水溶液洗涤比色皿 2 次，再注入 0.001mol/L 碘溶液，测定吸光度 A 值；更换碘溶液再重复测定 2 次，取平均值。

（1）配制丙酮浓度不同的反应溶液，测定反应溶液在不同反应时间的吸光度用移液管往编号为 1～4 号的 100mL 容量瓶中移入 0.02mol/L 碘水溶液 5mL 和 2.00mol/L 盐酸溶液 5mL，再注入约 40mL 蒸馏水，置于 25℃恒温水浴中恒温 10～15min，另取一支移液管分别向上述容量瓶中依次加入已在 25℃水浴中恒温的 2.00mol/L 丙酮溶液 2.5mL、5.0mL、7.5mL 和 10mL，加入已恒温的蒸馏水定容。迅速混合均匀后，尽快用少许溶液冲洗恒温反应比色皿 3 次，然后将反应液再迅速倒满恒温比色皿，用擦镜纸擦去残液后将其置于分光光度计中，同时开启秒表，作为反应的起始时间。然后每隔 30s 读取一个吸光度数据，每组反应液需测定 10～15 个数据。

（2）配制氢离子浓度不同的反应溶液，测定反应溶液在不同反应时间的吸光度，测定方法同（1）。

3. 将超级恒温槽的温度调节至 35℃，重复上述实验。实验完毕后，关闭仪器电源开关，清洗玻璃仪器。

五、 数据处理

1. 将实验测定的数据绘制成表。

2. 计算吸光系数 ε 的值。

由测定已知浓度碘溶液的吸光度 A，代入公式 $\varepsilon = A/bc_{I_2}$，计算吸光系数 ε 的值。已知本实验用的 722 型分光光度计的比色皿厚度 $b = 1$cm。

3. 根据测得反应溶液不同时刻的吸光度 A 值，用 Origin 软件绘制 A-t 图，求出直线的斜率。

4. 用 Origin 软件绘制 $\lg\left(-\dfrac{dc_{I_2}}{dt}\right)$-$\lg c_A$ 和 $\lg\left(-\dfrac{dc_{I_2}}{dt}\right)$-$\lg c_{H^+}$ 图，其斜率分别是丙酮、氢离子的反应级数 x、y。

5. 计算丙酮碘化反应的速率常数。

根据式（5.24）计算不同浓度反应溶液的 k_i 值，然后取 k_i 的平均值作为丙酮碘化反应速率常数 k。

6. 根据阿伦尼乌斯公式计算丙酮碘化反应的活化能 E_a。

六、 实验注意事项

1. 温度影响反应速率常数，实验时体系始终要恒温。

2. 实验所需溶液均要准确配制。

3. 混合反应溶液时要在恒温槽中进行，操作必须迅速准确。

4. 反应液混合后应迅速测定吸光度。

5. 用比色皿时应该用手拿其粗糙面，不要用手接触其受光面；若比色皿外有残液，要用擦镜纸将残液吸干。

七、 思考题

1. 实验中若开始计时晚了，对实验结果有无影响？为什么？

2. 若盛蒸馏水的比色皿没有洗干净，对测定结果有什么影响？

3. 影响本实验结果的主要因素是什么？

4. 本实验中丙酮碘化反应按几级反应处理，为什么？

5. 若本实验中原始碘浓度不准确，对实验结果是否有影响？为什么？

◆ **参考文献** ◆

［1］　北京大学化学学院物理化学实验教学组．物理化学实验．第4版．北京：北京大学出版社，2002.

［2］　复旦大学，等．物理化学实验．第2版．北京：高等教育出版社，1993.

［3］　罗鸣，石士考，张雪英．物理化学实验．北京：化学工业出版社，2012.

［4］　唐林，孟阿兰，刘红天．物理化学实验．北京：化学工业出版社，2009.

［5］　刘马林，麻英．丙酮碘化实验改进的思考．实验技术与管理，2006，23(4)：36.

1. 本实验中的锌是在(Zn²⁺)活度,计算Zn电极电势。进行…

2. 若本实验中浓度溶液不纯度,测定结果将会有较大偏差,这什么?

···

【1】 标准氢电极电势为零,不同电极…
极与氢电极……

【2】 本学……

1. ………

【3】 ………

第6章 │ 电化学实验

实验十三

原电池电动势的测定和应用

建议实验学时数：4 学时

一、 实验目的及要求

1. 掌握对消法测定原电池电动势的原理和方法。
2. 了解电动势测定的应用。
3. 熟悉精密电位差计和标准电池的使用。

二、 实验原理

凡是能使化学能转变为电能的装置都称为原电池，原电池是由两个半电池，即正负电极在相应的电解质溶液中组成的。在电池反应过程中正极上发生还原反应，负极上发生氧化反应，而电池反应是这两个电极反应的总和。电池电动势为组成该电池的两个半电池的电极电势的代数和。若已知一个半电池的电极电势，通过测量这个电池的电动势就可算出另一个半电池的电极电势。所谓电极电势，它的真实含义是金属电极与接触溶液之间的电位差。它的绝对值至今也无法从实验上进行测定。在电化学中，电极电势是以某一电极为标准而求出其他电极的相对值。现在国际上采用的标准电极是标准氢电极，即在一定温度下，氢气在气相中的分压力为标准压力（100kPa），氢离子的活度等于 1（$a_{H^+} = 1$）时被氢气所饱和的铂电极，它的电极电势规定为 0V。以氢电极作为负极，其他待测电极作为正极与其组成原电池，测得的电池电动势即为待测电极的电极电势。由于氢电极使用起来比较麻烦，人们常把一些容易制备、电极电势稳定的电极作为参比电极。常用的参比电极有甘汞电极、银-氯化银电极等。

通过对电池电动势的测量可计算某些反应的 ΔH、ΔS、ΔG 等热力学函数，还可以计算电解质的平均活度系数、难溶盐的活度积和溶液的 pH 值等物理化学参数。

用电动势的方法求如上数据时，该反应必须能够设计成一个可逆电池。可逆电池应该满足以下条件。

① 电池反应可逆，亦即电极反应可逆。

② 电池中不允许存在任何不可逆的液接界。

③ 电池在充放电的过程中必须在平衡态下进行，亦即允许通过电池的电流为无限小。

因此，在制备可逆电池、测定可逆电池的电动势时应符合上述条件。在精确度不高的测量中，常用正负离子迁移数比较接近的盐类构成"盐桥"来消除液接电势；用电位差计测量电动势也可满足通过电池电流为无限小的条件。

可逆电池的电动势可看作正、负两个电极的电极电势之差。设正极电势为 φ_+，负极电势为 φ_-，则电池电动势 $E = \varphi_+ - \varphi_-$。

以铜-锌电池为例。铜-锌电池又称丹尼尔电池（daniell cell），是一种典型的原电池。此电池可用图示表示如下：

$$Zn(s) \mid ZnSO_4(a_1 = 1mol/kg) \parallel CuSO_4(a_2 = 1mol/kg) \mid Cu(s)$$

左边为负（阳）极，发生氧化反应

$$Zn \longrightarrow Zn^{2+}(a_1) + 2e$$

其电极电势为

$$\varphi_- = \varphi_-^{\ominus} - \frac{RT}{2F} \ln \frac{a(Zn)}{a(Zn^{2+})}$$

右边为正（阴）极，发生还原反应

$$Cu^{2+}(a_2) + 2e \longrightarrow Cu$$

其电极电势

$$\varphi_+ = \varphi_+^{\ominus} - \frac{RT}{2F} \ln \frac{a(Cu)}{a(Cu^{2+})}$$

总的电池反应为　　$$Zn + Cu^{2+}(a_2) = Zn^{2+}(a_1) + Cu$$

原电池电动势

$$E = (\varphi_+^{\ominus} - \varphi_-^{\ominus}) - \frac{RT}{2F} \ln \frac{a(Zn^{2+})}{a(Cu^{2+})} = E^{\ominus} - \frac{RT}{2F} \ln \frac{a(Zn^{2+})}{a(Cu^{2+})}$$

式中，$\varphi_-^{\ominus}$、$\varphi_+^{\ominus}$ 分别为锌电极和铜电极的标准还原电极电势；$a(Zn^{2+})$ 和 $a(Cu^{2+})$ 分别为 Zn^{2+} 和 Cu^{2+} 的离子活度。

可逆电池的电动势不能直接用伏特计来测量，原因是当原电池与伏特计相接后，便成了通路并有电流通过，此时在电池两极上会发生化学变化、电极被极化、溶液浓度发生改变，使原电池处于非可逆状态；且由于电池本身有内电阻，伏特计所测得的只是两个电极间的电势差，而不是原电池的电动势。准确测定原电池的电动势要在接近热力学的可逆条件下进行，即利用电位差计在无电流（或极小电流）通过时的可逆条件下测定两个电极间的电势差，即为该原电池的电动势。

测定可逆原电池电动势常采用对消法，又称补偿法，其工作原理是在待测电池上并联一个大小相等、方向相反的外加电压，这样待测电池中就没有电流通过，外加电势差的大小就等于待测电池的电动势，测定原理如图 6.1 所示。

如图 6.1 所示，电动势测定中有工作、标准和测

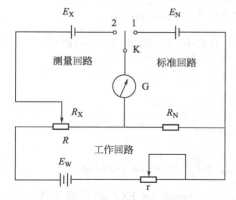

图 6.1　对消法测电动势的原理示意图

E_W—工作电源；E_N—标准电池；E_X—待测原电池；G—检流计；K—换向开关；r—调节工作电流的变阻器；R_N—标准电池电动势的补偿电阻；R_X—待测电池电动势的补偿电阻

量三条回路。测定方法为：

① 校准工作电流：将开关 K 扳向 1，调节工作回路中的变阻器 r，使检流计无电流通过，此时工作电源 E_w 分配在 R_N 上的电压与 E_N 相等，则工作电流 $I_w = E_N/R_N$。

② 测定待测原电池的电动势：将开关 K 扳向 2，调节测量回路中的电阻 R_X 使检流计无电流通过，此时工作电源 E_w 分配在 R_X 上的电压与被测电池电动势 E_X 相等，即 $E_X = I_w R_X = E_N(R_X/R_N)$。

根据测量范围和精度，电位差计有多种型号。本实验用 EM-3C 型数字电位差计测定原电池的电动势，图 6.2 是其操作面板图。

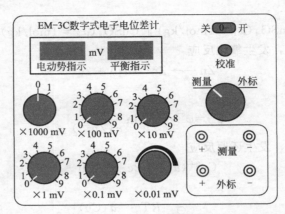

图 6.2　EM-3C 型数字式电子电位差计操作面板图

本实验所测定的三个电池为：

① 电池（1）　$Hg(l) | Hg_2Cl_2(s) | KCl(饱和) \parallel AgNO_3(0.01mol/L) | Ag(s)$

负极电极电势　$\varphi_- = \varphi_{Hg_2Cl_2(s)/Hg} = 0.2410 - 7.6 \times 10^{-4}(t-25)$

正极电极电势　$\varphi_+ = \varphi_{Ag^+/Ag} = \varphi_{Ag^+/Ag}^\ominus + \dfrac{RT}{F}\ln a(Ag^+)$

$$\varphi_{Ag^+/Ag}^\ominus = 0.799 - 0.00097 \times (t-25)$$

原电池电动势　$E = \varphi_+ - \varphi_- = \varphi_{Ag^+/Ag}^\ominus + \dfrac{RT}{F}\ln a(Ag^+) - \varphi_{Hg_2Cl_2(s)/Hg}$

② 电池（2）　$Ag(s) | AgCl(s) | KCl(0.1mol/L) \parallel AgNO_3(0.01mol/L) | Ag(s)$

负极电极电势　$\varphi_- = \varphi_{AgCl(s)/Ag}^\ominus - \dfrac{RT}{F}\ln a(Cl^-)$

$$\varphi_{AgCl(s)/Ag}^\ominus = 0.2221 - 0.000645 \times (t-25)$$

正极电极电势　$\varphi_+ = \varphi_{Ag^+/Ag} = \varphi_{Ag^+/Ag}^\ominus + \dfrac{RT}{F}\ln a(Ag^+)$

原电池电动势　$E = \varphi_+ - \varphi_- = \varphi_{Ag^+/Ag}^\ominus - \varphi_{AgCl(s)/Ag}^\ominus + \dfrac{RT}{F}\ln[a(Cl^-)a(Ag^+)]$

其中，0.01 mol/kg $AgNO_3$ 的活度系数 $\gamma_\pm = 0.90$，0.1mol/kg KCl 的活度系数 $\gamma_\pm = 0.77$。

稀水溶液中的体积摩尔浓度（mol/L）可近似取质量摩尔浓度（mol/kg）的数值。

③ 电池（3）　$Hg(l) | Hg_2Cl_2(s) | KCl(饱和) \parallel H^+ (0.1mol/L\ HAc + 0.1mol/L\ NaAc), Q \cdot H_2Q | Pt$

负极电极电势　　$\varphi_{-}=\varphi_{\mathrm{Hg_2Cl_2(s)/Hg}}=0.2410-7.6\times10^{-4}(t-25)$

正极电极电势　　$\varphi_{+}=\varphi_{\mathrm{Q/H_2Q}}=\varphi^{\ominus}_{\mathrm{Q/H_2Q}}+\dfrac{RT}{F}\ln a(\mathrm{H^+})$

$$\varphi^{\ominus}_{\mathrm{Q/H_2Q}}=0.6994-7.4\times10^{-4}(t-25)$$

原电池电动势

$$E=\varphi_{+}-\varphi_{-}=\varphi^{\ominus}_{\mathrm{Q/H_2Q}}+\frac{RT}{F}\ln a(\mathrm{H^+})-\varphi_{\mathrm{Hg_2Cl_2(s)/Hg}}$$

$$=\varphi^{\ominus}_{\mathrm{Q/H_2Q}}-\varphi_{\mathrm{Hg_2Cl_2(s)/Hg}}-\frac{2.303RT}{F}\mathrm{pH}$$

即　　　　　　　　$$\mathrm{pH}=\frac{\varphi^{\ominus}_{\mathrm{Q/H_2Q}}-\varphi_{\mathrm{Hg_2Cl_2(s)/Hg}}-E}{2.303RT/F}$$

由此可知，只要测出原电池③的电动势，就可计算出待测溶液（HAc 和 NaAc 缓冲溶液）的 pH 值。

利用对消法可以很准确地测量出原电池的电动势，因此用电化学方法求出的化学反应热力学函数 $\Delta_r G_m$、$\Delta_r H_m$、$\Delta_r S_m$ 等，比用量热法或化学平衡常数法求得的热力学数据更为准确可靠。

三、　实验仪器与药品

1. 仪器：EM-3C 数字电位差计（含附件）1 台；饱和甘汞电极、银-氯化银电极、铂电极和银电极各 1 支；KNO_3 盐桥 3 个；100mL 烧杯 1 只；50mL 烧杯 4 只；10mL 移液管 2 支；吸耳球 1 个。

2. 药品：0.01mol/L AgNO_3 溶液；0.1mol/L KCl 溶液；饱和 KCl 溶液；0.2mol/L HAc 溶液；0.2mol/L NaAc 溶液；醌氢醌固体粉末（黑色）。

四、　实验步骤

1. 电极的处理：饱和甘汞电极、银-氯化银电极、铂电极和银电极均为商品电极，使用前用蒸馏水淋洗干净，用滤纸将电极表面的水吸干，待用。

2. 开启 EM-3C 数字式电子电位差计的电源开关，预热 10min。

3. 取一洁净、干燥的 50mL 烧杯，装入 20mL 0.01mol/L AgNO_3 溶液，插入银电极作为正极；另取一洁净、干燥的烧杯装入 20mL 饱和氯化钾溶液，将甘汞电极下端的橡皮帽和加液孔处的橡皮塞去掉，插入饱和氯化钾溶液中作为负极；然后将 KNO_3 盐桥（1号）插入两电极所在的溶液中，组合成原电池。将银电极与电位差计标有"测量"的正极相接，饱和甘汞电极与电位差计标有"测量"的负极相接，见图 6.2。将电位差计的功能选择开关置于"测量"挡，调节仪器面板左侧的拨位开关（×1000mV、×100mV、×10mV、×1mV 和×0.1mV）和旋钮（0.01mV），将平衡指示调为"00000"，待电动势读数稳定后，记录被测电动势的值。测量完毕后，银电极的电池溶液不要倒掉，留作制备下一个原电池使用。

4. 在一洁净、干燥的 50mL 烧杯中装入 20mL 的 0.1mol/L KCl 溶液，插入银-氯化银电极，作为负极。将 KNO_3 盐桥（2 号）放入银-氯化银电极所在溶液和电池（1）的银电极所在溶液中组合成原电池。按照步骤 3 的方法测定其电动势。

5. 取 10mL 0.2mol/L HAc 溶液及 10mL 0.2mol/L NaAc 溶液放入洁净、干燥的烧杯中，再加入少量的醌氢醌固体粉末，搅拌均匀后插入干净的铂电极，制得醌氢醌电极，作为正极。将 KNO$_3$ 盐桥（3 号）放入醌氢醌电极所在溶液和饱和甘汞电极所在溶液中组合成原电池。同样按照步骤 3 的方法测其电动势。

6. 关闭仪器电源开关，将溶液倒入回收瓶中，清洗电极及玻璃仪器。电极表面的水用滤纸吸干，将甘汞电极的橡皮帽和橡皮塞套上，然后放入电极盒中。

五、 数据处理

1. 计算待测电池的电动势，计算实验的相对误差。
2. 根据电池（1）的测定结果，计算 $\varphi_{Ag^+/Ag}^{\ominus}$。
3. 根据电池（2）的测定结果，求 AgCl 的 K_{sp}。
4. 由电池（3）求待测溶液的 pH 值。

六、 实验注意事项

1. 盐桥不可漏液或有气泡，否则相当于断路。
2. 电极使用前后，必须清洗干净，并用滤纸将电极表面的水吸干。
3. 甘汞电极在使用时，必须检查电极内的饱和氯化钾溶液是否充满，电极槽内应有少量的氯化钾固体；另外，电极下端的橡皮帽和上端侧面加液孔的塞子必须取掉。
4. 连接线路时，正、负极要连接正确。

七、 思考题

1. KNO$_3$ 盐桥有什么作用？如何选用盐桥以适用于各种不同的原电池？
2. 若电池的正、负极接反了，会有什么结果？
3. 本实验中，甘汞电极如果采用 0.1mol/L 或 1.0mol/L 的 KCl 溶液，对原电池电动势的测量是否有影响？为什么？
4. 作为参比电极应具备什么条件？

附录 6-1　EM-3C 数字式电子电位差计的使用方法

1. 将电源线插在插座上，开启电位差计的电源开关，预热 10min。
2. 校准：分为内标校准和外标校准。

① 采用内部 Ⅳ 基准校准（不需要外接标准电池），将仪器面板右侧的拨位开关拨至"内标"位置，调节左边拨位开关（×1000mV、×100mV、×10mV、×1mV 和 ×0.1mV）和旋钮（0.01mV），设定内部标准电动势为 1000.00mV，然后观察仪器面板上侧平衡指示的显示值。若平衡指示不为"00000"，按校准按钮，放开按钮后，平衡指示显示值应为"00000"，此时校准完毕。

② 采用外部标准电池校准，将测量线与外标的正负极连接好，红线连正极，黑线连负极，连接好标准电池，将功能选择开关拨到"外标"位置，调节左侧的拨位开关和旋钮，使电动势的指示值为标准电池的电动势，观察仪器面板上平衡指示的值。若平衡指示不为"00000"，按校准按钮，放开按钮，平衡指示的显示值应为"00000"，此时校准完毕。

3. 将测量线连接在仪器面板（见图6.2）标有测量的正极和负极接口上，红线连正极接口，黑线连负极接口，然后再与被测电池的正、负极连接。将电位差计的功能选择开关置于"测量"档，调节仪器面板左侧的拨位开关（×1000mV、×100mV、×10mV、×1mV和×0.1mV）和旋钮（0.01mV），使平衡指示调为"00000"，待电动势读数稳定后，记录被测电动势的值。（电动势指示和平衡指示的显示在小范围内波动属于正常，波动数值在±1之间。）

4. 电位差计使用时应注意：

① 电位差计不能放在有强磁场干扰的地方。

② 若电位差计已经校准好，就不要再随意校准。

③ 电位差计正常通电后若无显示，检查仪器背后面板上的保险丝（0.5A）。

附录6-2 铂电极、铂黑电极、甘汞电极、银-氯化银电极和银电极简介

1. 铂电极与铂黑电极

（1）铂电极

铂是一种惰性贵金属，可用来制作光亮的铂电极。铂电极是一种惰性电极，不参与电极反应，如用于气体电极和氧化还原电极；在溶液电导测量中用作电导池的外接电源的输入电极等。铂电极在使用前用蒸馏水淋洗干净，若铂电极有油污，应在丙酮中浸泡，然后用蒸馏水淋洗。

（2）铂黑电极

铂黑电极是在金属铂表面上镀一层铂黑，目的在于增加电极的表面积，减小电流密度，防止电极的极化，提高测量的灵敏度。使用铂黑电极时应注意：①不可直接擦拭铂黑电极，防止铂黑脱落；若铂黑镀层脱落或褪色时，则铂黑必须重新电镀或更换新的铂黑电极，以保证所测数据的准确性。②铂黑电极不用时，需浸泡在去离子水中，以免电极干燥使其表面发生改变。

2. 甘汞电极

甘汞电极是由金属汞及其难溶盐 Hg_2Cl_2（甘汞）和不同浓度的 KCl 溶液组成的电极。它的电极电势可以与标准氢电极组成电池而精确测定，所以又称其为二级标准电极。甘汞电极具有电极电势稳定、重现性好、容易制备、使用方便的优点，常被用作参比电极，其缺点是温度滞后性大、不能在高温下使用（<70℃）、电极材料有毒性等。

甘汞电极的电极电势在温度恒定时只与氯离子的浓度有关，按氯化钾溶液浓度的不同，常用的甘汞电极有三种，其中饱和甘汞电极最常用，其电极电势见表6.1。

表 6.1　298K 时不同浓度甘汞电极的电极电势

KCl 浓度	φ_t /V	φ /V
0.1mol/L	$0.3335-7\times10^{-5}(t/℃-25)$	0.3337
1.0mol/L	$0.2801-2.4\times10^{-4}(t/℃-25)$	0.2801
饱和	$0.2412-7.6\times10^{-4}(t/℃-25)$	0.2412

使用甘汞电极时应注意：

① 电极内 KCl 溶液中不能有气泡，饱和甘汞电极的溶液中应有少量 KCl 固体；当甘汞电极表面附有 KCl 溶液或晶体，应随时除去。

② 测量时电极应竖直放置，甘汞芯应在 KCl 溶液液面下；当电极内部的 KCl 溶液太少时应及时补充。

③ 甘汞电极在使用时，要取掉上端侧管口的橡皮塞和下端的电极帽；若电极长期不用时，应把侧部的橡皮塞和端部的橡胶帽套上，放在电极盒中保存。

④ 因甘汞电极的电极电势有较大的负温度系数和热滞后性，因此，精确测量应该充分恒温。

⑤ 甘汞电极在高温下不稳定，适用于70℃以下的环境中使用。

⑥ 因甘汞易光解而引起电极电势发生变化，使用和存放时应注意避光。

3. 银-氯化银电极

在金属银上覆盖一层氯化银，然后将其浸入到含有 Cl^- 的溶液（如氯化钾或盐酸溶液）中构成银-氯化银电极。银-氯化银电极具有制备简单、电极电势稳定性好、重现性好、温度滞后性小、电极结构牢固和使用方便等优点，而且是高温、高压条件下最理想的参比电极。但银-氯化银电极在浓氯化钾溶液中的溶解度较大，因此在电极的外参比溶液中（一般为 3.3mol/L 氯化钾溶液）应加入氯化银预先饱和，否则参比电极的氯化银镀层会被溶解，使电势不稳定。

4. 银电极的制备

将铂丝电极放在浓 HNO_3 中浸泡 15min，取出用蒸馏水冲洗，如表面仍不干净，用细晶相砂纸打磨光亮，再用蒸馏水冲洗干净插入盛 0.1mol/L $AgNO_3$ 溶液的小烧杯中，按图 6.3 接好线路，调节可变电阻，使电流在 3mA、直流稳压源电压控制在 6V 镀 20min。取出后用 0.1mol/L 的 HNO_3 溶液冲洗，用滤纸吸干，并迅速放入

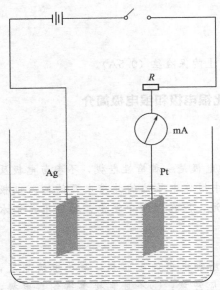

图 6.3　电极制备装置示意图

盛有 0.1mol/L $AgNO_3$＋0.1mol/L HNO_3 溶液的半电池管中备用。

附录 6-3　盐桥的制备

为了消除液接电势，必须使用盐桥，其制备方法如下。

① 琼脂-饱和 KCl 盐桥　于干净烧杯中加入 3g 琼脂和 97mL 蒸馏水，使用水浴加热使琼脂完全溶解。然后加入 30g KCl 充分搅拌，KCl 完全溶解后趁热用滴管将此溶液加入 U 形玻璃管中，静置待琼脂凝结后便可使用。盐桥在不使用的情况下，放入饱和 KCl 溶液中保存。注意琼脂-饱和 KCl 盐桥不能用于含 Ag^+、Hg_2^{2+} 等与 Cl^- 反应的离子或含有 ClO_4^- 等与 K^+ 反应的物质的溶液。

② 琼脂-饱和 KNO_3 盐桥　称取琼脂1g放入50mL饱和 KNO_3 溶液中，浸泡片刻，再缓慢加热至沸腾，待琼脂全部溶解后稍冷，将洗净的盐桥管插入琼脂溶液中，从管的上口将溶液吸满（U 形管中和管的两端不能有气泡），保持此充满状态冷却到室温，即凝固成冻胶固定在管内，取出后擦净备用。盐桥若不使用，放入饱和 KNO_3 溶液中保存。

◆ 参考文献 ◆

[1]　傅献彩，沈文霞，姚天扬. 物理化学. 第5版. 北京：高等教育出版社，2005.

[2]　复旦大学等. 物理化学实验. 第2版. 北京：高等教育出版社，1993.

[3]　罗鸣，石士考，张雪英. 物理化学实验. 北京：化学工业出版社，2012.

[4]　EM-3C 数字式电子电位差计的使用说明.

实验十四

电动势法测定化学反应的热力学函数

建议实验学时数：4 学时

一、 实验目的及要求

1. 学会用电动势法测定化学反应热力学函数的原理和方法。
2. 在不同的温度下测定原电池的电动势，并计算电池反应的热力学函数。

二、 实验原理

电池电动势的测定一般采用对消法，常用的仪器称为电位差计，对消法原理见实验十二。恒温、恒压可逆条件下，原电池电化学反应吉布斯自由能的减少等于体系所做的最大有用功，结合法拉第定律有：

$$\Delta_r G_m = -nEF \tag{6.1}$$

式中，n 为电池反应得失电子数；E 为电池的电动势；F 为法拉第常数。

由吉布斯-亥姆霍兹公式

$$\Delta_r G_m = \Delta_r H_m + T\left(\frac{\partial \Delta_r G_m}{\partial T}\right)_p \tag{6.2}$$

$$\Delta_r G_m = \Delta_r H_m - T\Delta_r S_m \tag{6.3}$$

又由上面三式得：

$$\Delta_r S_m = -\left(\frac{\partial \Delta_r G_m}{\partial T}\right)_p \tag{6.4}$$

将式（6.1）代入式（6.4）得：

$$\Delta_r S_m = nF\left(\frac{\partial E}{\partial T}\right)_p \tag{6.5}$$

式中，$\left(\frac{\partial E}{\partial T}\right)_p$ 称为电池电动势的温度系数。将式（6.5）代入式（6.3）变换后可得：

$$\Delta_r H_m = \Delta_r G_m + T\Delta_r S_m = -nEF + nTF\left(\frac{\partial E}{\partial T}\right)_p \tag{6.6}$$

因此，在恒定压力下，测得不同温度时可逆电池的电动势，以电动势 E 对温度 T 作图，从曲线上可以求任一温度下的 $\left(\frac{\partial E}{\partial T}\right)_p$，然后用式（6.5）计算电池反应的热力学函数 $\Delta_r S_m$，用式（6.6）计算 $\Delta_r H_m$，用式（6.3）计算 $\Delta_r G_m$。

本实验测定下列电池的电动势：

$$Ag(s)|AgCl(s)|KCl(饱和溶液)|Hg_2Cl_2(s)|Hg(l)$$

通过两个电极的电极电势来计算其电动势。

两个电极的电极电势分别为：

正极：$\varphi_{甘汞} = \varphi_{甘汞}^{\ominus} - \frac{RT}{F}\ln a_{Cl^-}$

负极：$\varphi_{Cl^- \mid AgCl \mid Ag} = \varphi^{\ominus}_{Cl^- \mid AgCl \mid Ag} - \dfrac{RT}{F}\ln a_{Cl^-}$

$$E = \varphi_{甘汞} - \varphi_{Cl^- \mid AgCl \mid Ag}$$

$$= \varphi^{\ominus}_{甘汞} - \frac{RT}{F}\ln a_{Cl^-} - \left(\varphi^{\ominus}_{Cl^- \mid AgCl \mid Ag} - \frac{RT}{F}\ln a_{Cl^-}\right)$$

$$= \varphi^{\ominus}_{甘汞} - \varphi^{\ominus}_{Cl^- \mid AgCl \mid Ag}$$

通过测得不同温度下的电池电动势，计算出该电池电动势的温度系数，从而可以计算电池反应的热力学函数 $\Delta_r G_m$、$\Delta_r H_m$ 和 $\Delta_r S_m$。

三、实验仪器和药品

1. 仪器：恒温槽 1 套；EM-3C 数字电子式电位差计 1 套；饱和甘汞电极 1 支；银-氯化银电极 1 支；温度计 1 支；烧杯 1 只。

2. 药品：KCl（分析纯）。

四、实验步骤

1. 开启恒温槽和磁力搅拌器，设定实验的目标温度。

2. 将银-氯化银电极和饱和甘汞电极放入盛有饱和氯化钾溶液的烧杯，并分别与电位差计标有测量的负极和正极接口连接好，如图 6.4 所示。

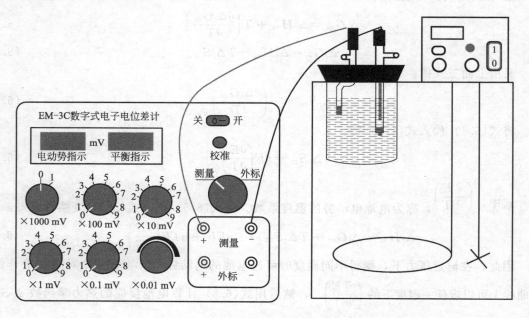

图 6.4　电池电动势测定的装置示意图

3. 将电池置于恒温水浴中，温度计放入电池的饱和 KCl 溶液中，当溶液温度达到目标温度后继续恒温 20～30min，然后用电位差计测定该电池的电动势。通过调节各旋钮，使电位差计的平衡指示为 "00000"，待电动势的读数稳定后，记录被测电动势的值，平行测定 3 次，取平均值。依次测定 25℃、30℃、35℃、40℃和 45℃时的电动势。

4. 测定完毕后，取出电极放在电极架上，关闭实验所用仪器的电源开关，整理实验台。

五、　数据处理

1. 将实验数据列成表格。

2. 写出正极、负极的电极反应和电池反应。

3. 应用 Origin 软件绘制 $E\text{-}T$ 曲线，并通过软件做 25℃时该曲线的切线，求出切线斜率即得到电动势的温度系数 $\left(\dfrac{\partial E}{\partial T}\right)_p$。

4. 计算 25℃时电池反应的热力学函数 $\Delta_r G_m$、$\Delta_r H_m$ 和 $\Delta_r S_m$。

六、　实验注意事项

1. 测电动势时，为了维持氯化钾溶液的饱和状态，在升温过程中应保证电解池中一直有未溶解的固体氯化钾。

2. 实验过程中要按照电极的操作使用规程，取下电极上端的橡皮塞和下端的橡皮帽。

3. 用电位差计测电动势之前，应先预热 10min；为了节省电极使用，延长电极寿命及保障测量准确，在不测量电动势时应关掉电位差计。

七、　思考题

1. 可逆电池必须具备的条件是什么？

2. 电池电动势的测量为什么不用伏特计而用电位差计？为什么用对消法测量？

3. 本实验所测电池电动势与电池中 KCl 的浓度是否有关？为什么？

◆ 参考文献 ◆

[1]　孙尔康，高卫，徐维清，等. 物理化学实验. 第 2 版. 南京：南京大学出版社，2010.

[2]　罗鸣，石士考，张雪英. 物理化学实验. 北京：化学工业出版社，2012.

[3]　郑传明，吕桂琴. 物理化学实验. 第 2 版. 北京：北京理工大学出版社，2015.

[4]　复旦大学，等. 物理化学实验. 第 3 版. 北京：高等教育出版社，2004.

实验十五

电泳法测定氢氧化铁溶胶的电动电势

建议实验学时数：4 学时

一、　实验目的及要求

1. 掌握电泳法测定 $Fe(OH)_3$ 溶胶电动电势的原理和方法。

2. 熟悉胶体的电泳现象。

二、 实验原理

溶胶是多相分散系统，由于分散相自身的电离，或者选择性地吸附一定量的离子而形成带一定电荷的胶体粒子。在胶粒附近的分散介质中分布着与胶粒表面电性相反而电荷数量相等的反离子，因此在胶粒表面与分散介质的相界面上形成了一个扩散双电层——吸附层和扩散层。当溶胶静止时，整个溶胶系统呈电中性。但在外电场作用下，带电胶粒携带其周围一定厚度的吸附层向带相反电荷的电极运动，在荷电胶粒吸附层的外界面与介质之间相对运动的边界处相对于均匀介质内部产生一电势，称为电动电势或者 ζ 电势。ζ 电势的数值与胶粒的性质、分散介质成分及溶胶的浓度等有关。

电动电势是表征胶粒特性的重要物理量之一，在研究胶体性质及其实际应用中具有重要的作用。ζ 电势与胶体的稳定性有密切的关系，ζ 电势绝对值越大，表明胶粒电荷越多，胶粒之间的斥力越大，胶体越稳定；反之，胶体越不稳定。当 ζ 电势等于 0 时，胶体的稳定性最差，此时可以观察到溶胶的聚沉现象。因此，无论制备或者破坏胶体，均需要了解所研究胶体的 ζ 电势。原则上，溶胶的电动现象（电泳、电渗、沉降电势和流动电势）都可以用来测定电动电势，但电泳法是最常用的测定方法。

电泳法可分为宏观法和微观法。宏观法的原理是观察溶胶与另一种不含胶粒的电解质溶液的界面在电场中迁移的速度，也称界面电泳法。微观法则是直接观测单个胶粒在电场中的迁移速度。对于高分散的溶胶［如 As_2S_3 溶胶、$Fe(OH)_3$ 溶胶等］或者过浓的溶胶，不易观察个别胶粒的运动，只能采用宏观法。对于颜色太淡或者过稀的溶胶则适宜采用微观法。本实验采用宏观法测定。

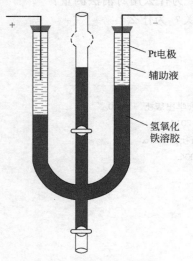

图 6.5 电泳仪示意图

本实验采用界面移动法在 U 形电泳管中测定胶体的电动电势（如图 6.5 所示）。在胶体管中，以 KCl 为介质，$Fe(OH)_3$ 溶胶通电后移动，通过测量胶粒运动的距离，用秒表记录时间，可算出胶粒的电泳速度。

当带电胶粒在外电场作用下迁移时，胶粒电荷为 q，两极间的电位梯度为 E，则胶粒受到的静电力为：$f_1 = Eq$；胶粒在介质中受到的阻力为：$f_2 = K\pi\eta v$。

若胶粒运动速率 v 恒定，则

$$f_1 = f_2, qE = K\pi\eta v \tag{6.7}$$

根据静电学原理，

$$\zeta = q/\varepsilon r \tag{6.8}$$

将式(6.8) 代入式(6.7) 得：

$$\zeta = \frac{K\pi\eta v}{\varepsilon E} \tag{6.9}$$

式中，K 为与粒子形状有关的常数，对球状粒子 $K = 5.4\times10^{10}\,V^2\cdot s^2/(kg\cdot m)$，对棒状粒子 $K = 3.6\times10^{10}\,V^2\cdot s^2/(kg\cdot m)$；$\eta$ 为介质的黏度，$Pa\cdot s$；r 为胶粒的半径，m；v 为胶粒相对移动速率，m/s；ε 为介质的介电常数。

利用界面移动法测量时，测出时间 t 时胶体运动的距离 s，两铂电极间的电位差 U 和电极间的距离 L，则有

$$E = U/L, v = s/t \tag{6.10}$$

将式（6.10）代入式（6.9）即可求得胶体电动电势的值。

三、　实验仪器与药品

1. 仪器：电泳仪 1 个；直流稳压电源 1 台；伏特计 1 台；铂电极 2 支；滴管 1 个。
2. 药品：$Fe(OH)_3$ 胶体；KCl 辅助溶液（0.001mol/L）。

四、　实验步骤

1. 将事先洗净的电泳仪放置在铁架台上，调节高度并保持竖直。
2. 通过漏斗在电泳管中加入待测的 $Fe(OH)_3$ 胶体至电泳仪的 U 形管底部位置，沿 U 形管左右两侧的管壁用滴管缓慢加入等量的 KCl 辅助溶液，以保持胶体与辅助液之间的界面清晰（注意电泳管两边必须加入等量的辅助液），辅助液加至高出胶体 10cm 即可。
3. 轻轻将两个铂电极插入 KCl 辅助溶液中，其中电泳管比较清晰的一端为阴极，另一端为阳极，切勿扰动液面，铂电极应保持垂直，并使两电极浸入液面的深度相等。沿着 U 形管的中线测量两电极之间的距离。
4. 将两电极连接在直流稳压电源上，开启电源开关，将电压设置为 60V。
5. 将电泳仪置于工作位置，同时计时，每 10min 记录一次界面高度。
6. 测量 7 个点后停止实验，关闭电泳仪开关。
7. 将电泳管中的胶体溶液倒入回收瓶，并将电泳管和电极冲洗干净。

五、　数据处理

1. 由 U 形管的两边在时间 t 内界面移动的距离 s，计算电泳的速率。
2. 由电压 U 和两极间距 L 计算电位梯度 $E=U/L$。
3. 不同温度时水的介电常数 ε，按式 $\varepsilon=80-0.4(T-293)$ 进行计算。
黏度 $\eta=0.01005Pa \cdot s$（20℃），$\eta=0.00894Pa \cdot s$（25℃）。
4. 根据公式计算 $Fe(OH)_3$ 溶胶的 ζ 电势。
5. 根据电泳时胶粒的移动方向确定胶粒所带电荷的符号及 ζ 电势的符号，并写出 $Fe(OH)_3$ 溶胶的胶团结构式。

六、　实验注意事项

1. 电泳测定管须洗净，以免其他离子干扰。
2. 加入辅助液时必须小心缓慢地加入，一定要保持界面清晰。
3. 在选取辅助液时一定要保证其电导与胶体电导相同。本实验选取 KCl 作辅助液。
4. 量取两电极的距离时，要沿电泳管的中心线测量，电极间距离的测量须尽量精确。

七、　思考题

1. 如果电泳仪在进行实验前没有清洗干净，管壁上残留有微量的电解质，对电泳测定结果有什么影响？
2. 电泳实验中对辅助液的选择依据哪些条件？在电泳测定中如果不使用辅助液，会发生什么现象？

3. 电泳速度的快慢与哪些因素有关？

附录 6-4 电动电势的测定方法简介

常用来测定 ζ 电势的方法有：界面移动电泳法、显微电泳法、电泳光散射法、电声法及区域电泳法。

1. 界面移动电泳法

此法是研究胶粒与分散介质之间界面移动的实验方法。

本实验采用界面移动法，适用于溶胶或大分子溶液与分散介质形成的界面在电场作用下移动速度的测定，通过胶粒的电泳速度计算电动电势 ζ。此法简单易行，但测定误差较大；某些情况下界面移动电泳法还可实现一定程度的分离和提纯。

2. 显微电泳法

采用显微镜直接观察到胶粒的电泳速率，进而求得 ζ 电势。这种方法要求研究对象必须在显微镜下能明显观察到，此法的特点是测定简单、快速，胶体用量少，在质点本身所处的环境下测定，特别适用于测定颗粒悬浮体和乳状液体系的电动电势。由于微型玻璃容器内壁表面有硅羟基，一般情况带负电，可吸附溶液中的正电荷形成双电层，电场下管壁附近的液体整体向负极方向移动，形成电渗流。物镜观察的位置要选在电渗流动刚好与反向流动相抵消的位置，即称为静置层的位置，这时观察到的胶粒运动速度能代表真正的电泳速度。

3. 电泳光散射法

电泳光散射法是将激光光散射与显微电泳结合起来的新技术，利用激光光散射的原理精确地测定粒子在外加电场下的动力学性质。该方法不仅弥补了显微电泳法的不足，同时具有测量速度快、分辨率高和适用范围广的优点。其依据仍是光散射的基本原理，只是在试样槽中多加了一个外加电场：带电粒子以固定速率向与其电性相反的电极方向移动，与之相应的动力学散射光谱产生多普勒漂移，这一漂移正比于带电粒子的移动速度。由实验测得的谱线漂移值，就可求得带电粒子的电泳速度，进而求得 ζ 电势。相应电泳速度 v 和 ζ 电势分别为：

$$v = \frac{\lambda_0 \Delta \omega}{\pi n E \sin\theta}$$

$$\xi = \frac{4\pi\eta v}{\varepsilon E} = \frac{4\pi\eta\lambda_0 \Delta\omega}{n\varepsilon E^2 \sin\theta}$$

式中，λ_0 为入射光在真空中的波长；n 为介质的折射率；θ 为散射角；E 是电场的电位梯度；$\Delta\omega$ 为散射光频率的漂移值。

4. 电声法

将电声效应应用于测定胶粒的性质是一种古老而又新颖的方法。1933 年 Debye 就预言当声波通过电解质时可以产生交变电压，这种现象被称为 CVP 效应。20 世纪 80 年代 Oja 等发现了与 CVP 相反的另一种电声效应 ESA 效应：当交变电压作用于胶体时，带电的胶粒便会在两电极间来回移动，周围液体对它的阻力会以声波的形式从粒子表面传播出来，所有粒子产生声波的叠加形成超声波，由接收到的电动声振幅可知胶粒表面所带电荷和胶粒大小的分布情况。

这种方法以声信号代替光信号，特别适用于浓的不透光体系的测量。一般显微电泳法等许多测定技术都局限于较稀的分散体系，且要求粒子的体积分数≤0.01%，而电声法可以在 10% 内的任意浓度进行测定并获得胶粒大小和带电情况的较准确信息。

5. 区域电泳法

该法是以惰性而均匀的固体或者凝胶作为被测样品的载体进行电泳，以达到分离与分析电泳速度不同的各组分的目的。该法简便易行、分离效率高、样品用量少，还可以避免对流的影响，现已成为分离与分析蛋白质的基本方法。

附录 6-5　Fe(OH)₃溶胶的临界ζ电位（表 6.2）

表 6.2　Fe(OH)₃溶胶的临界ζ电位

电解质	$c/\left(\dfrac{1}{z}\mathrm{mol/L}\right)$	ζ/mV
KCl	100.0	33.7
NaOH	7.5	31.5
K_2SO_4	6.6	32.5
苯胺硫酸盐	8.0	31.4
$K_2C_2O_4$	6.5	32.5
$K_3[Fe(CN)_6]$	0.65	30.2

◆ 参考文献 ◆

[1]　傅献彩，沈文霞，姚天杨，等. 物理化学. 第 5 版. 北京：高等教育出版社，2005.
[2]　孙尔康，高卫，徐维清，等. 物理化学实验. 第 2 版. 南京：南京大学出版社，2010.
[3]　罗鸣，石士考，张雪英. 物理化学实验. 北京：化学工业出版社，2012.
[4]　郑传明，吕桂琴. 物理化学实验. 第 2 版. 北京：北京理工大学出版社，2015.
[5]　王军，杨冬梅，张丽君，等. 物理化学实验. 北京：化学工业出版社，2009.

实验十六
电导法测定难溶盐的溶度积

建议实验学时数：4 学时

一、　实验目的及要求

1. 掌握电导法测定难溶盐溶解度的原理和方法。
2. 加深对溶液电导概念的理解及对电导测定应用的了解。
3. 测定 $BaSO_4$ 在 25℃的溶度积和溶解度。

二、　实验原理

难溶盐在水中的溶解度很小，其溶液浓度不能用普通的滴定方法直接测定。但是，只要有溶解作用，溶液中就有电离出来的带电离子，就可以通过测定该溶液的电导或电导率，再根据电导（或者电导率）与浓度的关系，计算出难溶电解质的溶解度，从而换算出溶度积。

1. 电导法测定难溶盐溶解度的原理

难溶盐如 $BaSO_4$、$PbSO_4$、$AgCl$ 等在水中溶解度很小，用一般的分析方法很难精确测定其溶解度。但难溶盐在水中微量溶解的部分是完全电离的，因此，常用测定其饱和溶液电导率的方法来计算其溶解度。

由于难溶盐的溶解度很小，其饱和溶液可近似看成无限稀释的溶液，饱和溶液的摩尔电导率 Λ_m 与难溶盐的无限稀释溶液中的摩尔电导率 Λ_m^∞ 是近似相等的，即

$$\Lambda_m \approx \Lambda_m^\infty \tag{6.11}$$

式中，Λ_m^∞ 可根据科尔劳施（Kohlrausch）离子独立运动定律，由离子无限稀释摩尔电导率相加而得。

在一定温度下，电解质溶液的浓度 c、摩尔电导率 Λ_m 与电导率 κ 的关系为

$$\Lambda_m = \frac{\kappa}{c} \tag{6.12}$$

式中，Λ_m 可由物理化学手册查得；κ 通过电导率仪测得；c 便可从上式求得。

难溶盐在水中的溶解度极小，溶液中离子之间的相互作用可以忽略不计，其饱和溶液的电导率 $\kappa_{溶液}$ 实际上是盐的正、负离子和溶剂（H_2O）解离的正、负离子（H^+ 和 OH^-）的电导率之和，在无限稀释条件下有

$$\kappa_{溶液} = \kappa_{盐} + \kappa_{水} \tag{6.13}$$

因此，测定 $\kappa_{溶液}$ 后，还必须同时测定出配制溶液所用水的电导率 $\kappa_{水}$，才能求出 $\kappa_{盐}$。

测得 $\kappa_{盐}$ 后，由式（6.11）即可求得该温度下难溶盐在水中的饱和浓度 c，经换算即得该难溶盐的溶解度。

2. 硫酸钡溶度积的测定原理

本实验测定硫酸钡的溶度积和溶解度直接用 DDS-11A 型电导率仪测定硫酸钡饱和溶液的电导率（$\kappa_{溶液}$）和配制溶液所用水的电导率（$\kappa_{水}$）。由于溶液极稀，水的电导率不能忽略，必须从溶液的电导率（$\kappa_{溶液}$）中减去水的电导率（$\kappa_{水}$），即为：

$$\kappa_{硫酸钡} = \kappa_{溶液} - \kappa_{水} \tag{6.14}$$

在测定难溶盐 $BaSO_4$ 的溶度积时，其电离过程为：$BaSO_4 \rightleftharpoons Ba^{2+} + SO_4^{2-}$

根据摩尔电导率 Λ_m 与电导率 κ 的关系：

$$\Lambda_m(BaSO_4) = \frac{\kappa(BaSO_4)}{c(BaSO_4)} \tag{6.15}$$

$$\Lambda_m(BaSO_4) \approx \Lambda_m^\infty(BaSO_4) = \lambda_m^\infty(Ba^{2+}) + \lambda_m^\infty(SO_4^{2-}) \tag{6.16}$$

式中，$\lambda_m^\infty(Ba^{2+})$，$\lambda_m^\infty(SO_4^{2-})$ 可通过查表获得。

$$\Lambda_m(BaSO_4) = \frac{\kappa(BaSO_4)}{c} = \frac{\kappa(溶液) - \kappa(H_2O)}{c} \tag{6.17}$$

从而可以求出硫酸钡饱和溶液的浓度 c，由于 $c(BaSO_4) = c(SO_4^{2-}) = c(Ba^{2+})$，所以硫酸钡的溶度积为 $K_{sp} = c(Ba^{2+})c(SO_4^{2-}) = c^2$。

三、 实验仪器与药品

1. 仪器：超级恒温槽 1 套；DDS-11A 型电导率仪 1 台；电导电极 1 支；带磨口塞锥形瓶 2 只。

2. 药品：二次蒸馏水；电导水；$BaSO_4$（分析纯）。

四、　实验步骤

1. 调节恒温槽温度在（25±0.5）℃范围内。

2. 制备 $BaSO_4$ 饱和溶液。在干净带磨口塞锥形瓶中加入少量 $BaSO_4$，用二次蒸馏水至少洗涤 3 次，每次洗涤需剧烈振荡，待溶液澄清后，倾去溶液再加二次蒸馏水洗涤，洗涤 3 次以上能除去可溶性杂质。然后加二次蒸馏水溶解 $BaSO_4$，使之成为饱和硫酸钡溶液，并在 25℃ 恒温槽内静置，当沉淀至上面的溶液澄清时，即可以进行电导率的测定。（电导率的使用方法见实验十附录 5-3）

3. 依次用蒸馏水、电导水清洗电极及锥形瓶各 3 次。在锥形瓶中装入二次蒸馏水，放入 25℃ 恒温槽恒温 10min 后测定水的电导率 $\kappa_水$，平行测定 3 次，取平均值。

4. 将测定过水的电导电极和锥形瓶用少量 $BaSO_4$ 饱和溶液洗涤 3 次，再将澄清的 $BaSO_4$ 饱和溶液装入锥形瓶，放入电导电极，于 25℃ 恒温 10min 后测 $\kappa_溶液$，平行测定 3 次，取平均值。

5. 实验完毕，清洗锥形瓶和电导电极，关闭恒温槽及电导率仪。

五、　数据处理

1. 由 $\kappa_{BaSO_4} = \kappa_溶液 - \kappa_水$ 式求得 κ_{BaSO_4}。

2. 由物理化学手册查得 $\frac{1}{2} Ba^{2+}$ 和 $\frac{1}{2} SO_4^{2-}$ 在 25℃ 的无限稀释摩尔电导率，计算 $\Lambda_m(BaSO_4)$。

3. 由式（6.15）计算 c_{BaSO_4}，然后计算硫酸钡的溶度积。

4. 计算硫酸钡的溶解度。将 c_{BaSO_4} 换算为 b_{BaSO_4}（因溶液极稀，设溶液密度近似等于水的密度，并设 $\rho_水 = 1 \times 10^{-3} kg/m^3$ 便可换算）。溶解度是溶解物质的质量除以溶剂质量所得的商，所以 $BaSO_4$ 的溶解度为 $b_{BaSO_4} \times M_{BaSO_4}$。

六、　实验注意事项

1. 实验用水必须是二次蒸馏水，其电导率小于 $1\mu S/cm$。

2. 温度对电导率有较大影响，因此，实验过程中温度必须恒定。稀释的电导水也需要在同一温度下恒温后使用。

3. 测量 $BaSO_4$ 溶液时，一定要用二次蒸馏水洗涤多次，以除去可溶性离子，减小实验误差。

4. 测水及溶液的电导之前，电极要反复冲洗干净；特别是测水前，应尽可能洗去电极表面吸附的离子。

七、　思考题

1. 电导率、摩尔电导率与电解质溶液的浓度关系有何规律？

2. 本实验为什么要测定水的电导率？

3. 实验中为何用镀铂黑的电极？使用时的注意事项有哪些？

4. 为什么 $\Lambda_m(BaSO_4) \approx \Lambda_m^\infty(BaSO_4)$？

附录 6-6　二次蒸馏水、去离子水和电导水

1. 二次蒸馏水（distilled water）

将自来水加热到沸腾使之汽化，再冷却凝结得到一次蒸馏水。蒸馏水是电的不良导体，但由于溶有杂质，如二氧化碳和可溶性固体杂质等，使得它的电导率较大（约为 1×10^{-3} S/m），影响电导测量的结果，因而要得到更纯的二次蒸馏水，需要对一次蒸馏水进行处理。处理的方法是，向一次蒸馏水中加入少量高锰酸钾，除去有机物和二氧化碳；加入非挥发性的酸（硫酸或磷酸），使氨成为不挥发的铵盐，然后在石英器皿中进行二次蒸馏得到很纯的二次蒸馏水（电导率范围为 $1 \times 10^{-4} \sim 1 \times 10^{-3}$ S/m）。

2. 去离子水（deionized water）

自来水先通过石英砂过滤颗粒较粗的杂质，再通过阳离子交换树脂（常用苯乙烯型强酸性阳离子交换树脂）使水中的阳离子被树脂所吸收，树脂上的阳离子 H^+ 被置换到水中，并和水中的阳离子组成相应的无机酸；含此种无机酸的水再通过阴离子交换树脂（常用苯乙烯型强碱性阴离子交换树脂）使 OH^- 被置换到水中，并与水中的 H^+ 结合成水；最后通过反渗透膜过滤，即得到去离子水（电导率范围 $1 \times 10^{-4} \sim 3 \times 10^{-4}$ S/m）。

3. 电导水

实验室中用来测定溶液电导时所用的一种高纯度的水，除含 H^+ 和 OH^- 外不含其他物质，电导率小于 1×10^{-4} S/m。

◆ **参考文献** ◆

[1] 罗鸣，石士考，张雪英. 物理化学实验. 北京：化学工业出版社，2012.
[2] 郑传明，吕桂琴. 物理化学实验. 第 2 版. 北京：北京理工大学出版社，2015.
[3] 袁誉洪. 物理化学实验. 北京：科学出版社，2008.

第7章 │ 表面化学实验

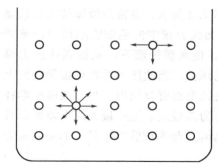

实验十七
最大气泡法测定溶液的表面张力

建议实验学时数：5 学时

一、 实验目的及要求

1. 加深对表面张力、表面吉布斯函数和表面吸附量关系的理解。
2. 掌握最大气泡法测定溶液表面张力的原理和方法。
3. 掌握计算表面吸附量和吸附质分子横截面积的方法。

二、 实验原理

1. 表面张力

液体表面层分子和内部分子所处的环境不同，液体内部的分子处于球形对称的力场当中，合力为零；而表面层分子受到指向液体内部的合力（如图 7.1 所示）。所以，液体表面都有自动缩小的趋势。把作用于液体表面、使液体表面积缩小的力，称为表面张力 σ，单位是 N/m。表面张力是液体的重要特性之一，与所处的温度、压力、浓度以及共存的另一相的组成有关。

在温度、压力和组成恒定时，可逆地使表面增加 dA 所需对体系做的功，叫表面功。可以表示为：

$$-\delta W' = \sigma dA \qquad (7.1)$$

式中，σ 为比例常数，反映液体表面自动缩小趋势的能力。σ 在数值上等于当 T、p 和组成恒定的条件下系统增加单位表面积时所必须对体系做的可逆非膨胀功，也可以说是每增加单位表面积时体系自由能的增加值。环境对体系做的表面功转变为表面层分子比内部分子多余的自由能。因此，σ 称为表面自由能（吉布斯函数），其单位是 J/m²。

图 7.1　液体表面分子和内部
分子的受力情况

2. 溶液表面的吸附

一定的温度下，纯液体的表面张力为定值。在纯液体中加入溶质，液体的表面张力会升高或者降低。当所加入的溶质能降低表面张力时，溶质力图富集在溶液的表面以降低系统的表面吉布斯函数；当所加入的溶质使表面张力升高时，溶质尽可能进入液体内部以降低表面吉布斯函数。这种溶质在溶液中分布不均匀的现象称为溶液表面的吸附。溶质的加入使液体表面张力下降，此类物质称表面活性物质；溶质在表面层的浓度大于在本体中的浓度，称为"正吸附"。溶质的加入使液体表面张力升高，此类物质称非表面活性物质，或表面惰性物质；溶质在表面层的浓度小于在本体中的浓度，称为"负吸附"。

吉布斯在 1878 年，用热力学的方法推导出定温下溶质的吸附量与溶液的表面张力及溶液的浓度之间的吸附公式：

$$\Gamma = -\frac{c}{RT}\left(\frac{\mathrm{d}\sigma}{\mathrm{d}c}\right)_T \tag{7.2}$$

式中，Γ 为溶质在表面层中的吸附量，即表面超量，mol/m^2；σ 为溶液的表面张力，J/m^2；T 为热力学温度，K；c 为溶液的浓度，mol/L；R 为摩尔气体常数。

当 $\left(\frac{\mathrm{d}\sigma}{\mathrm{d}c}\right)_T < 0$ 时，$\Gamma > 0$，发生正吸附；反之，当 $\left(\frac{\mathrm{d}\sigma}{\mathrm{d}c}\right)_T > 0$ 时，$\Gamma < 0$，发生负吸附。因此，从吉布斯吸附公式可看出，只要测出不同浓度溶液的表面张力，以 σ 对 c 作图，在 σ-c 图的曲线上做不同浓度的切线，把切线的斜率代入 Gibbs 吸附公式，即可求出不同浓度时气-液界面上的吸附量 Γ。

在一定的温度下，吸附量与溶液浓度之间的关系可以由 Langmuir 等温式表示：

$$\Gamma = \Gamma_\infty \frac{Kc}{1+Kc} \tag{7.3}$$

式中，Γ_∞ 为饱和吸附量；K 为经验常数，与溶质的表面活性大小有关。将式(7.3) 取倒数可化成直线方程则：

$$\frac{c}{\Gamma} = \frac{c}{\Gamma_\infty} + \frac{1}{1+K\Gamma_\infty} \tag{7.4}$$

若以 $\frac{c}{\Gamma}$ 对 c 作图可得一直线，由直线斜率即可求出 Γ_∞。

假如在饱和吸附的情况下，在气-液界面上铺满一单分子层，$1m^2$ 表面上溶质的分子数为 $\Gamma_\infty L$（L 为阿伏伽德罗常数），则可应用下式求得被测物质的横截面积 S_0。

$$S_0 = \frac{1}{\Gamma_\infty L} \tag{7.5}$$

3. 最大气泡法测定表面张力的装置和原理

本实验用最大气泡法测量液体的表面张力，装置如图 7.2 所示。将待测液体装入长颈烧瓶中，盖上带有毛细管的塞子（组成表面张力仪）。当表面张力仪中的毛细管端面与待测液面相切时，液体即沿毛细管上升。打开滴液漏斗的活塞，使水缓慢滴下，从而系统压力降低。这样毛细管内液面上受到一个比毛细管外液面上大的压力。当此压力差在毛细管端面上产生的作用力稍大于毛细管口液体的表面张力时，气泡便从毛细管口逸出。当形成曲率半径最小（等于毛细管半径）的半球形气泡时，它所承受的压力差最大。这一最大压力差可由数显微压差测量仪上读出。根据拉普拉斯方程，此压力差 $\Delta p_{\max}$ 与毛细管口半径 r 的关系式为

$$p_{大气} - p_{系统} = \Delta p_{\max} \tag{7.6}$$

$$\Delta p_{\max} = \frac{2\sigma}{r} \tag{7.7}$$

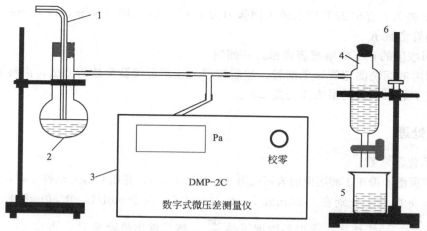

图 7.2 最大气泡法测表面张力的装置

1—毛细管；2—长颈烧瓶；3—数字式微压差测量仪；4—滴液漏斗；5—烧杯；6—铁架台

$$\sigma = \frac{r}{2}\Delta p \tag{7.8}$$

若用同一根毛细管，对表面张力分别为 σ_1 和 σ_2 的两种液体而言，则有下列关系：

$$\sigma_1 = \frac{r}{2}\Delta p_1 \qquad \sigma_2 = \frac{r}{2}\Delta p_2$$

$$\sigma_1 = \sigma_2 \Delta p_1/\Delta p_2 = K\Delta p_1 \qquad K = \sigma_2/\Delta p_2 \tag{7.9}$$

式中，K 为仪器常数（亦称毛细管常数）。因此，以已知表面张力的液体为标准，从式 (7.9) 即可求出 K 值，再根据 K 值求出其他液体的表面张力 σ。

三、 实验仪器与药品

1. 仪器：HK-1D 型恒温槽 1 台；DMP-2C 型数字式微压差测量仪 1 台；250mL 滴液漏斗 1 个；长颈烧瓶 1 个；100mL 烧杯 1 只；与长颈烧瓶配套的毛细管（0.2～0.3mm）1 支；T 形管 1 支；50mL 容量瓶 8 只。

2. 药品：正丁醇（分析纯）。

四、 实验步骤

1. 正丁醇溶液的配制

配制 0.02mol/L、0.05mol/L、0.10mol/L、0.15mol/L、0.20mol/L、0.25mol/L、0.30mol/L 和 0.35mol/L 的正丁醇溶液各 50mL。

2. 仪器常数 K 的测定

① 按实验装置示意图 7.2 连接好仪器，开启恒温水浴，设定目标温度为 25℃。

② 取一支浸泡在洗液中的毛细管，先用自来水冲洗干净，再用蒸馏水清洗 2～3 次；同样方法把长颈烧瓶也冲洗干净，加上蒸馏水，装上毛细管，使液面恰好与毛细管端面相切，25℃下恒温 10 分钟。

③ 在滴液漏斗中装入自来水（注意不要超过支管口），打开滴液漏斗的活塞，控制滴水速率，观察毛细管口气泡逸出的速率，使气泡单个地均匀地逸出（8～10s 1 个气泡），记录气泡逸出时的最大压差值。平行测定 3 次，取平均值。

④ 根据表 7.1 查出 25℃时水的表面张力为 $\sigma = 71.97 \times 10^{-3} \text{N/m}$，以 $K = \sigma / \Delta p$ 求出所使用的毛细管常数 K。

3. 不同浓度的正丁醇溶液表面张力的测定

用待测溶液润洗测定管和毛细管，然后按照上述测定仪器常数的方法，由稀至浓的顺序依次测定正丁醇水溶液的最大压力差 $\Delta p_{\max}$。

五、 数据处理

1. 计算仪器常数。

2. 计算所测 8 份正丁醇溶液的表面张力（$\sigma = K \Delta p_{\max}$），并用 Origin 软件绘制 $\sigma\text{-}c$ 曲线。

3. 在 $\sigma\text{-}c$ 曲线上分别在 0.05mol/L、0.10mol/L、0.15mol/L、0.20mol/L、0.25mol/L 和 0.30mol/L 处作切线，求出各浓度下的 $\dfrac{\mathrm{d}\sigma}{\mathrm{d}c}$，然后求出吸附量 Γ，再求 $\dfrac{c}{\Gamma}$。

4. 以 $\dfrac{c}{\Gamma}$ 对 c 作图，应得一条直线，根据 Langmuir 线性关系式：$\dfrac{c}{\Gamma} = \dfrac{c}{\Gamma_\infty} + \dfrac{1}{1 + K\Gamma_\infty}$，由直线斜率求出饱和吸附量 Γ_∞。

5. 计算正丁醇分子的横截面积 $S_0 = \dfrac{1}{\Gamma_\infty L}$。

六、 实验注意事项

1. 实验所用的毛细管和测定管必须要洗干净，否则气泡不能连续稳定地逸出，从而使微压差测量仪的读数不稳定。

2. 毛细管一定要保持垂直，毛细管口刚好与液面相切。

3. 控制滴液漏斗的滴水速率是实验的一个关键，以保证气泡单个地、均匀地逸出。

4. 在微压差测量仪上，应读取气泡单个逸出时的最大压力差。

七、 思考题

1. 用最大气泡法测定表面张力时为什么要读最大压力差？

2. 滴液漏斗滴水速度过快对实验结果有没有影响？为什么？

3. 毛细管尖端为何必须调节得恰与液面相切？如果毛细管端口插入液面有一定深度，对实验数据有何影响？

4. 本实验为何要测定仪器常数？仪器常数与温度有关吗？

附录 7-1 表面张力测定方法简介

1. 毛细管高度法

毛细管插入液体后，根据静力学原理，液体在毛细管内将上升一定高度，此高度与表面张力值有关。这种方法操作简单，实验结果精确度高，是一种重要的表面张力的测定方法。但要获得准确结果，应注意：①要求毛细管内径均匀；②液体与毛细管的接触角必须是零；③基准液面应足够大，一般认为直径应在 10cm 以上液面才能看作平表面；④要校正毛细管内弯曲面上液体质量。

2. 鼓泡压力法

把毛细管插入液体中，鼓入气体形成气泡，压力升高到一定值时气泡破裂，此最大压差值与表面张力有关，因此也称最大压力法。此法设备简单，操作方便，但气泡不断生成可能扰动液面平衡，改变液体表面温度，因而要控制气泡形成速度，在实际操作中常用的是单泡法。

3. 滴重法和滴体积法

从一毛细管滴出的液滴大小与表面张力有关，直接测定落滴质量的叫滴重法；通过测量落滴体积而推算的叫滴体积法。由于液滴下落的不完整，也需要校正。

4. 悬滴法

从毛细管中滴出的液滴形状与表面张力有关。此法具有完全平衡特点，也要有校正因子，但不太复杂。主要困难在于保持液滴形状稳定不变和防止振动。

5. 静滴法

此法也称停滴法。置液滴于平板上，它将形成一个下半段被截去完整的椭圆体，表面张力与密度差及外形有关，在外形中最重要的是其最大半径值。表达方式有 3 种不同计算方法，本法要求与固体接触角大于 90°。

6. 拉环法

把一圆环从液体表面拉出时最大拉力与圆环的内外半径可决定表面张力。本法属经验方法，但设备简单，比较常用，要求接触角为零，环必须保持水平。

7. 吊片法

用打毛的铂片，测定当片的底边平行液面并刚好接触液面时的拉力，由此可算出表面张力，此法具有完全平衡的特点。这是最常用的实验方法之一，设备简单，操作方便，不需要密度数据，也不要做任何校正。它的要求是液体必须很好地润湿吊片，保持接触角为零；另外，测定容器应足够大。

附录 7-2 不同温度水的表面张力 σ

表 7.1 不同温度水的表面张力 σ　　　　　　单位：mN/m

$t/\text{℃}$	20	22	23	24	25	26	28	30	35
σ	72.75	72.44	72.28	72.13	71.97	71.82	71.50	71.18	70.38

◆ 参考文献 ◆

[1] 傅献彩，沈文霞，姚天杨，等.物理化学.第5版.北京：高等教育出版社，2005.
[2] 孙尔康，高卫，徐维清，等.物理化学实验.第2版.南京：南京大学出版社，2010.
[3] 罗鸣，石士考，张雪英.物理化学实验.北京：化学工业出版社，2012.
[4] 黄震，周子彦，孙典亭.物理化学实验.北京：化学工业出版社，2009.

实验十八

黏度法测定高聚物的摩尔质量

建议实验学时数：4.5 学时

一、 实验目的及要求

1. 掌握用乌氏黏度计测定高聚物溶液黏度的原理与方法。
2. 测定聚乙二醇的黏均摩尔质量。

二、 实验原理

高分子化合物也称高聚物。高黏度是高聚物溶液的一个重要特征,其黏度比普通溶液的黏度大得多。这是由于高聚物的分子链长度远大于溶剂分子,在溶液中呈无规线团结构,相互缠结。聚合物稀溶液在流动过程中,分子链线团与线团间存在摩擦力;这种在液体流动时,由于分子间的内摩擦而引起的阻力称为黏度。

溶剂分子相互之间的内摩擦所表现出来的黏度叫作溶剂黏度,以 η_0 表示,黏度的单位为 $kg/(m \cdot s)$。而高聚物分子间的内摩擦以及高聚物分子与溶剂分子之间的内摩擦,再加上溶剂分子相互间的内摩擦,三者的总和表现为聚合物溶液的黏度,以 η 表示。高聚物溶液的黏度主要反映了分子链线团间因流动或相对运动所产生的内摩擦阻力。分子链线团的密度越大、尺寸越大,则其内摩擦阻力越大,聚合物溶液表现出来的黏度就越大。高聚物溶液的黏度与高聚物的结构、溶液的浓度、溶剂的性质、温度和压力等因素有密切的关系。通过测量高聚物稀溶液的黏度可以计算得到高聚物的分子量,称为黏均分子量。

1. 高聚物溶液黏度的各种定义

(1) 相对黏度

相对黏度是一种比较黏度,高聚物溶液的黏度 η 与纯溶剂黏度 η_0 的比值称为相对黏度 η_r,量纲为1。相对黏度 η_r 描述的是整个高聚物溶液的黏度行为,常用乌氏黏度计中的流出时间的比值 t/t_0 来表示。

$$\eta_r = \frac{\eta}{\eta_0} \tag{7.10}$$

(2) 增比黏度

在相同温度下,通常 $\eta > \eta_0$,相对于溶剂,高聚物溶液黏度增加的分数称为增比黏度,记作 η_{sp},即 $\eta_{sp} = \dfrac{\eta - \eta_0}{\eta_0} = \eta_r - 1$。 $\tag{7.11}$

增比黏度的量纲为1。η_{sp} 已扣除了溶剂分子间的内摩擦效应,仅反映高聚物分子与溶剂分子间的内摩擦效应。

(3) 比浓黏度

高聚物溶液的增比黏度 η_{sp} 往往随溶液的质量浓度 c 的增加而增加。为方便比较,将单位浓度下所显示的增比黏度 η_{sp}/c 称为比浓黏度,而 $\ln\eta_r/c$ 称为比浓对数黏度。

(4) 特性黏度

当溶液无限稀释时,高聚物分子彼此相隔很远,其间相互作用可忽略,这时相对黏度的对数值与高聚物溶液质量浓度的比值,即为该高聚物的特性黏度。它反映的是无限稀释溶液中高聚物分子与溶剂分子间的内摩擦,其值取决于溶剂的性质及高聚物分子的大小和形态。

$$\lim_{c \to 0}(\eta_{sp}/c) = \lim_{c \to 0}(\ln\eta_r/c) = [\eta] \tag{7.12}$$

式中，$[\eta]$ 称为特性黏度，其单位为浓度的倒数。此式表示单个分子对高聚物溶液黏度的贡献，它是反映高聚物特性的黏度，其值不随浓度而变。

2. 特性黏度与高聚物摩尔质量之间的关系

特性黏度的数值取决于高聚物的相对分子质量和结构、溶液的温度和溶剂的特性。当温度和溶剂一定时，对于同种高聚物而言，其特性黏度就仅与其相对分子质量有关。因此，如果能建立相对分子质量与特性黏度之间的定量关系，就可以通过特性黏度的测定得到高聚物的相对分子质量。

对于溶剂和温度一定、分子结构相同的高聚物，高聚物溶液的特性黏度与高聚物摩尔质量之间的关系，通常用 Mark-Houwink 经验方程式来表示：

$$[\eta] = K \overline{M}_\eta^\alpha \tag{7.13}$$

式中，$\overline{M}_\eta$ 是平均相对分子质量，简称黏均摩尔质量；K 和 α 是经验方程的两个参数。对于确定的高聚物，在一定的溶剂和温度下，K 和 α 是常数，其值可以查表得到。因此只要求出特性黏度 $[\eta]$ 的值，代入 Mark-Houwink 经验方程就可以求出高聚物的摩尔质量。

在足够稀的高聚物溶液里，η_{sp}/c 与 c 和 $\ln\eta_r/c$ 与 c 之间分别符合下述经验关系式：

$$\eta_{sp}/c = [\eta] + k[\eta]^2 c \tag{7.14}$$
$$\ln\eta_r/c = [\eta] - \beta[\eta]^2 c \tag{7.15}$$

上两式中 κ 和 β 分别称为 Huggins 和 Kramer 常数。通过 η_{sp}/c 对 c 或 $\ln\eta_r/c$ 对 c 作图，得到两条直线，外推至 $c=0$ 时所得截距交于同一点（图 7.3），即为 $[\eta]$。$[\eta]$ 的单位是浓度的倒数，随浓度的表示方法而异，文献中常用 100mL 溶液中所含的高聚物的克数作为浓度单位。

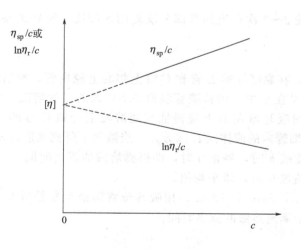

图 7.3　外推法求 $[\eta]$

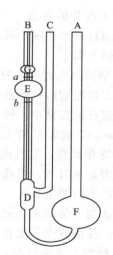

图 7.4　乌氏黏度计

本实验采用毛细管法测定黏度，液体的黏度系数 η 可以用一定体积 V 的液体流经一定长度和半径的毛细管所需时间 t 而获得。本实验所使用的乌氏黏度计如图 7.4 所示。当液体在重力作用下流经毛细管时，其遵守 Poiseuille 定律：

$$\eta = \frac{\pi p r^4 t}{8lV} = \frac{\pi h \rho g r^4 t}{8lV} \tag{7.16}$$

式中，η 为液体的黏度，$kg/(m \cdot s)$；r 为毛细管的半径，m；l 为毛细管的长度，m；p 为毛细管两端的压力差，$kg/(m \cdot s^2)$（即液体密度 ρ、重力加速度 g 和流经毛细管液体的平均液柱高度 h 这三者的乘积）；V 为流经毛细管的液体体积，m^3；t 为 V 体积液体的流出时间，s。

同一黏度计在相同条件下测定两个液体黏度时，它们的黏度之比等于密度与流出时间之比

$$\frac{\eta_1}{\eta_2} = \frac{p_1 t_1}{p_2 t_2} = \frac{\rho_1 t_1}{\rho_2 t_2} \tag{7.17}$$

如果溶液的浓度不大，溶液的密度与溶剂的密度可近似看作相同，有

$$\eta_r = \frac{\eta}{\eta_0} = \frac{t}{t_0} \tag{7.18}$$

式中，t 为高聚物溶液从 a 刻度流至 b 刻度的时间；t_0 为纯溶剂流过的时间。所以，只需测定不同浓度的溶液和纯溶剂在毛细管中的流出时间就可得到系列对比黏度 η_r 的值，从而可以求出相应的增比黏度 η_{sp}，再通过作图求得特性黏度 $[\eta]$ 的值。

三、实验仪器与药品

1. 仪器：恒温槽 1 套；乌氏黏度计 1 支；5mL 移液管 1 只；10mL 移液管 2 支；吸耳球 1 只；100mL 容量瓶 1 只；橡皮管（约 5cm 长）2 根；螺旋夹 1 支；秒表（0.1s）1 只。
2. 药品：0.5％聚乙二醇溶液。

四、实验步骤

1. 黏度计的洗涤

先用自来水冲洗，再用蒸馏水冲洗 2～3 次；毛细管部分反复用水冲洗，洗好倒放在气流烘干器上烘干。

2. 溶液流出时间 t 的测定

设定恒温槽的目标温度为 $25.0℃$，在黏度计的 B 管和 C 管上都套上橡皮管，然后将其垂直固定在恒温槽中，使 G 球完全浸没在水中。用移液管吸取 0.5％聚乙二醇溶液 10mL，恒温 10min，夹紧 C 管上的橡胶管，用吸耳球在 B 上慢慢抽气使溶液上升到 G 球的一半，打开 C 管和 B 管，空气进入 D 球，毛细管内的液体同 D 球分开。当液面下降到刻度线 a 时，按下秒表记录时间，当液面下降到刻度线 b 时，停止计时，即得到溶液的流出时间 t。用同样的方法平行测定 3 次，每次相差不超过 0.4s，求平均值。

依次加入蒸馏水 3mL、5mL、5mL、5mL 和 10mL，用吸耳球将溶液反复抽吸至 G 球内几次，使溶液充分混合均匀，再分别测定溶液的流出时间。

3. 纯溶剂流出时间 t_0 的测定

分别用自来水和蒸馏水将黏度计充分洗涤干净，加入 10mL 蒸馏水，恒温 10min，测定其流经刻度线 a、b 的时间。平行测定 3 次，每次误差不超过 0.2s，求平均值。

4. 实验完毕后，黏度计倒置放在气流烘干器上。

五、数据处理

1. 所测的实验数据填入下表，依据公式计算的 η_r、η_{sp}、η_{sp}/c 及 $\ln\eta_r/c$ 结果填入下表。

待测溶液	c /(g/100mL)	t/s			$t_{平均}$/s	η_r	η_{sp}	η_{sp}/c	$\ln\eta_r/c$
聚乙二醇									
＋3mL 水									
＋5mL 水									
＋5mL 水									
＋5mL 水									
＋10mL 水									

2. 用 Origin 软件作 η_{sp}/c-c 图和 $\ln\eta_r/c$-c 图，并外推至 $c=0$，求出 $[\eta]$ 的值。

3. 查附录 7-3 中表 7.2 求得 K 和 α 的值，由公式 $[\eta]=K\overline{M}_\eta^\alpha$ 计算聚乙二醇的黏均摩尔质量 $\overline{M}_\eta$ 。

六、 实验注意事项

1. 黏度计需洁净，若毛细管壁上挂有水珠，必须用铬酸洗液浸泡。

2. 所用溶剂和溶液需在同一恒温槽中恒温，再用移液管准确量取并充分混合均匀后方可测定。

3. 测定时黏度计必须固定竖直。

七、 思考题

1. 乌氏黏度计中支管 C 的作用是什么？能否去除 C 管改为双管黏度计使用？为什么？

2. 高聚物溶液的 η_r、η_{sp}、η_{sp}/c 和 $[\eta]$ 的物理意义是什么？

3. 黏度计中的毛细管的粗细对实验有什么影响？

附录 7-3　聚乙二醇在不同温度时的 K 和 α 值（水为溶剂）

表 7.2　聚乙二醇在不同温度时的 K 和 α 值

温度/℃	$K\times10^6$/(m³/kg)	α	$\overline{M}_\eta\times10^{-4}$
25	156	0.50	0.019～0.1
30	12.5	0.78	2～500
35	6.4	0.82	3～700
40	16.6	0.82	0.04～0.4
45	6.9	0.81	3～700

◆ 参考文献 ◆

［1］ 傅献彩, 沈文霞, 姚天杨, 等. 物理化学. 第 5 版. 北京: 高等教育出版社, 2005.

［2］ 孙尔康, 高卫, 徐维清, 等. 物理化学实验. 第 2 版. 南京: 南京大学出版社, 2010.

［3］ 罗鸣, 石士考, 张雪英. 物理化学实验. 北京: 化学工业出版社, 2012.

［4］ 复旦大学, 等. 物理化学实验. 第 3 版. 北京: 高等教育出版社, 2004.

［5］ 北京大学化学学院物理化学实验教学组. 物理化学实验. 第 4 版. 北京: 北京大学出版社, 2002.

实验十九
溶液吸附法测定固体比表面积

建议实验学时数：5 学时

一、 实验目的及要求

1. 用亚甲基蓝水溶液吸附法测定颗粒活性炭的比表面积。
2. 了解朗格缪尔（Langmuir）单分子层吸附理论及溶液法测定比表面积的基本原理。

二、 实验原理

水溶性染料的吸附已经应用于测定固体比表面积，在所有的染料中亚甲基蓝具有最大的吸附倾向。研究表明，在一定浓度范围内，大多数固体对亚甲基蓝的吸附是单分子层吸附，符合朗格缪尔吸附理论。朗格缪尔吸附理论的基本假设是：固体表面是均匀的；吸附是单分子层吸附；吸附剂一旦被吸附质覆盖就不能再吸附；在吸附平衡时，吸附和脱附建立动态平衡；吸附平衡前，吸附速率与固体吸附剂的空白表面积成正比，脱附（解吸）速率与覆盖率成正比。

设固体表面积的吸附位总数为 N，表面覆盖率为 θ，溶液中吸附质的浓度为 c，吸附速率常数为 k_1，脱附速率常数为 k_{-1}。根据上述假定，有

吸附质分子(在溶液) $\Longleftrightarrow$ 吸附质分子(在固体表面)

吸附速率　　　　　　　　　　　$v_{吸} = k_1 N (1-\theta) c$

解吸速率　　　　　　　　　　　$v_{解} = k_{-1} N \theta$

当达到动态平衡时　　　　　　　$k_1 N (1-\theta) c = k_{-1} N \theta$

由此可得

$$\theta = \frac{k_1 c}{k_1 c + k_{-1}} = \frac{Kc}{Kc+1} \tag{7.19}$$

式中，$K = \dfrac{k_1}{k_{-1}}$，称为吸附平衡常数，其值决定于吸附剂和吸附质的本性及温度，K 值越大，表明固体表面对吸附质的吸附能力越强。若以 Γ 表示浓度 c 时的平衡吸附量，以 Γ_∞ 表示饱和吸附量，即固体表面的全部吸附位被吸附质分子所占据的单分子层吸附量。则

$$\theta = \frac{\Gamma}{\Gamma_\infty} \tag{7.20}$$

代入式(7.19) 中，得

$$\Gamma = \Gamma_\infty \frac{Kc}{1+Kc} \tag{7.21}$$

整理可得如下形式

$$\frac{c}{\Gamma} = \frac{1}{\Gamma_\infty K} + \frac{1}{\Gamma_\infty} c \tag{7.22}$$

以 (c/Γ) 对 c 作图，得到一条直线，由直线的斜率可求得 Γ_∞，由截距可以求得吸附平衡常数 K。Γ_∞ 指每克吸附剂达到饱和吸附时所吸附的吸附质的物质的量，若每个吸附质分子在吸附剂上所占的面积为 σ_A，则吸附剂的比表面积可按式 $S = \Gamma_\infty L \sigma_A$ 进行计算。式中，

S 为吸附剂的比表面积；L 为阿伏伽德罗常数。

亚甲基蓝具有以下平面结构：

$$\left[\begin{array}{c} CH_3 \\ CH_3 \end{array} \right. N - \text{（亚甲基蓝结构）} - N \left. \begin{array}{c} CH_3 \\ CH_3 \end{array} \right]^{+} Cl^{-}$$

阳离子大小为 $(17.0 \times 7.6 \times 3.25 \times 10^{-30})$ m^3。亚甲基蓝的吸附有三种取向：平面吸附投影面积为 135×10^{-20} m^2，侧面吸附投影面积为 75×10^{-20} m^2，端基吸附投影面积为 39×10^{-20} m^2。对于非石墨型的活性炭，亚甲基蓝是以端基吸附取向，吸附在活性炭表面，因此 $\sigma_A = 39 \times 10^{-20}$ m^2。

本实验溶液浓度的测量是借助于分光光度计来完成的。根据光吸收定律，当入射光为一定波长的单色光时，某溶液的吸光度与溶液中有色物质的浓度及溶液层的厚度成正比。

$$A = \lg(I_0 / I) = abc$$

式中，A 为吸光度；I_0 为入射光强度；I 为透射光强度；a 为吸光系数；b 为光径长度或液层厚度；c 为溶液浓度。

实验首先测定一系列已知浓度的次甲基蓝溶液的光密度，绘制 A-c 工作曲线，然后测定亚甲基蓝原始溶液及平衡溶液的吸光度，再在 A-c 曲线上查得对应的浓度值，然后计算出饱和吸附量，将其代入式 $S = \Gamma_\infty L \sigma_A$ 便可求出固体吸附剂的比表面积。

三、 实验仪器与药品

1. 仪器：分光光度计 1 台；康氏振荡器 1 台；电子天平 1 台；离心机 1 台；台秤 1 台；100mL 带磨口塞锥形瓶 5 只；50mL 和 100mL 容量瓶各 5 只、500mL 容量瓶 6 只；胶头滴管 2 支。

2. 药品：0.2% 亚甲基蓝原始溶液；0.3126×10^{-3} mol/dm^3 亚甲基蓝标准溶液；颗粒状非石墨型活性炭。

四、 实验步骤

1. 样品活化

将颗粒活性炭置于瓷坩埚中放入 500℃马弗炉活化 1h，然后置于干燥器中备用。

2. 溶液的吸附

取 5 只洗净干燥的锥形瓶，编号，分别准确称取活化过的活性炭约 0.1g 置于锥形瓶中，然后分别加入按下述方法配制的不同浓度的亚甲基蓝溶液（在 50mL 容量瓶中配制）50mL，塞上磨口塞，放置在康氏振荡器上振荡 3h。

瓶编号	1	2	3	4	5
V(亚甲基蓝溶液)/mL	30	20	15	10	5
V(蒸馏水)/mL	20	30	35	40	45

3. 步骤 2 的各样品振荡达到平衡后，将锥形瓶取下，分别取平衡溶液 8mL 放入离心管中，用离心机旋转 10min，得到澄清的上层溶液。分别称取上层清液 5g 放入 5 只 500mL 容

量瓶中，并用蒸馏水稀释至刻度，待用。

4. 亚甲基蓝原始溶液的处理

为了准确测量约 0.2%亚甲基蓝原始溶液的浓度，称取 2.5g 溶液放入 500mL 容量瓶中，并用蒸馏水稀释至刻度，待用。

5. 亚甲基蓝标准溶液的配制

用台秤分别称取 2g、4g、6g、8g、11g 浓度为 $0.3126 \times 10^{-3}\, mol/dm^3$ 的标准亚甲基蓝溶液置于 100mL 容量瓶中，用蒸馏水稀释至刻度，待用。

6. 选择工作波长

对于亚甲基蓝溶液，工作波长为 665nm。取某一待用标定溶液，以蒸馏水为空白液，在 600～700nm 范围内测量吸光度，以吸光度最大时的波长作为工作波长。

7. 测量吸光度

以蒸馏水为空白液，在工作波长下，依次分别测定 5 份亚甲基蓝标准溶液的吸光度、稀释后的原始溶液的吸光度以及 5 份稀释后的平衡溶液的吸光度。

8. 实验测定完毕后，关闭分光光度计，倒掉比色皿中的溶液，依次用蒸馏水、乙醇洗净后，放入比色皿的盒中，倒掉剩余的亚甲基蓝溶液，洗净各种玻璃仪器。

五、 数据处理

1. 将实验数据列表。

2. 计算 5 份亚甲基蓝标准溶液的物质的量浓度，然后应用 Origin 或 Excel 软件绘制工作曲线，即以亚甲基蓝标准溶液的浓度对吸光度作图。

3. 求亚甲基蓝原始溶液的浓度和 5 份平衡溶液的浓度。

① 将实验测定的稀释后的原始溶液的吸光度，从工作曲线上查得对应的浓度，乘上稀释倍数 200，即为原始溶液的浓度。

② 将实验测定的 5 份稀释后的平衡溶液吸光度，从工作曲线上查得对应的浓度，乘上稀释倍数 100，即为平衡溶液的浓度。

4. 按实验步骤 2 的溶液配制方法，计算各吸附溶液的初始浓度 c_0。

5. 由平衡浓度 c 及初始浓度 c_0 数据，按下式计算吸附量 Γ：

$$\Gamma = \frac{(c_0 - c)V}{m}$$

式中，V 为吸附溶液的总体积，L；m 为加入溶液的吸附剂的质量，g。

6. 以 Γ 为纵坐标，c 为横坐标，用 Origin 或 Excel 软件绘制朗格缪尔吸附等温线。

7. 由 Γ 和 c 数据计算 c/Γ 值，然后绘制 c/Γ-c 图，由图求得饱和吸附量 Γ_∞。

8. 将 Γ_∞ 值代入 $S = \Gamma_\infty L\sigma_A$，计算活性炭样品的比表面积。

六、 实验注意事项

1. 活性炭颗粒要均匀，且 5 份称重应尽量接近。

2. 振荡时间要充足，以达到吸附饱和，一般不应小于 3h。

3. 要按照从稀到浓的顺序测定溶液的吸光度以减少误差。

七、 思考题

1. 固体在稀溶液中对溶质分子的吸附与固体在气相中对气体分子的吸附有何区别？

2. 溶液产生吸附时，如何确定吸附质浓度 c 是否已达到吸附平衡的浓度？

3. 比表面积的测定与温度、吸附质的浓度、吸附剂颗粒、吸附时间等有什么关系？

4. 用分光光度计测定亚甲基蓝水溶液的浓度时，为什么还要将溶液再稀释到 mg/dm^3 级浓度才进行测量？

八、 讨论

1. 溶液吸附必须在等温的条件下进行，将样品吸附瓶置于恒温水浴中进行振荡，使之达到吸附平衡，否则实验测量结果误差较大。

2. 亚甲基蓝溶液在可见光区有两个吸收峰：445nm 和 665nm。但在 445nm 处活性炭吸附对吸收峰有很大的干扰，故本实验选用的工作波长为 665nm。

3. 使用分光光度计时应注意：

① 比色皿放入样品室前，用擦镜纸擦干比色皿外的液体，手拿比色皿磨砂面，切忌用手触碰比色皿的透光面。

② 在使用过程中为了防止光电管因受连续照射而疲劳，只在测定时才将比色皿暗箱盖放下。

4. 测定固体比表面积的方法很多，有 BET 低温吸附法、气相色谱法、电子显微镜法等。这些方法需要复杂的仪器装置或者较长的实验时间。对比之下，溶液吸附法测定固体比表面积具有仪器装置简单，操作方便，而且能同时测量多个样品等优点，因此常被采用。但是溶液法吸附时，非球形的吸附质在各种吸附剂表面吸附时的取向并非一样，每个吸附质分子的投影面积可能相差甚远，因此，溶液吸附法的测定结果有一定的实验误差，其测定结果应以其他方法进行校正。溶液吸附法常被用来测定大量同种样品的比表面积相对值。溶液吸附法的测定误差一般为 10%，甚至更高。此外，也可用苯酚或者硬脂酸作为吸附质来测定固体的比表面积。

◆ **参考文献** ◆

［1］ 傅献彩，沈文霞，姚天杨，等 . 物理化学 . 第 5 版 . 北京：高等教育出版社，2005.

［2］ 罗鸣，石士考，张雪英 . 物理化学实验 . 北京：化学工业出版社，2012.

［3］ 复旦大学等 . 物理化学实验 . 第 3 版 . 北京：高等教育出版社，2004.

［4］ 袁誉洪 . 物理化学实验 . 北京：科学出版社，2008.

实验二十
溶胶的制备、净化及性质

建议实验学时数：6 学时

一、 实验目的及要求

1. 学会溶胶制备的基本原理、了解制备溶胶的不同方法。
2. 了解溶胶净化的方法和作用。
3. 熟悉溶胶的基本性质。
4. 掌握电解质对溶胶的聚沉作用。

二、 实验原理

固体难溶物微小粒子分散在液体中形成的高度分散系统称为溶胶。溶胶的基本特征有：①多相体系，相界面很大；②高分散度，胶粒尺寸在 $1\sim100nm$ 范围；③热力学不稳定体系，有相互聚结而降低表面积的倾向。

1. 溶胶的制备

要制备出稳定的溶胶一般需要满足两个条件：固体分散相的质点大小必须在胶体尺寸范围内；固体分散相的质点在液体介质中要保持分散不聚结，为此，一般需要加稳定剂。制备溶胶原则上有两种方法：将大块固体分割到胶体分散度的大小，此法称为分散法；使分子或粒子聚结成胶粒，此法称为凝聚法。

（1）分散法　分散法主要有 3 种方式，即机械研磨、胶溶分散和超声分散。

① 机械研磨法　常用的设备主要有胶体磨和球磨机等。胶体磨里有两片靠得很近的磨盘或磨刀，均由坚硬耐磨的合金或碳化硅制成。当上下两磨盘以高速反向转动时，转速约 $5000\sim10000r/min$，粗粒子就被磨细。在机械磨中胶体研磨的效率较高，但一般只能将质点磨细到 $1\mu m$ 左右。这种方法适用于脆而易碎的物质，对于柔韧性的物质必须先硬化后再粉碎。

② 胶溶分散法　又称解胶法，是将新鲜的暂时凝聚在一起的胶体粒子重新分散在介质中而形成溶胶，并加入适当的稳定剂，这种稳定剂又称胶溶剂。根据胶核所能吸附的离子而选用合适的电解质作为胶溶剂。例如，氢氧化铁、氢氧化铝等的沉淀实际上是胶体质点的聚集体，由于制备时缺少稳定剂，故胶体质点聚在一起而沉淀。此时若加入少量的稳定剂，胶体质点因吸附离子而带电，沉淀就会在适当的搅拌下重新分散成胶体，这种使沉淀转化成溶胶的过程称为胶溶作用。胶溶作用只能用于新鲜的沉淀，若沉淀放置过久，胶粒经过老化，出现粒子间的连接或变化成大的粒子，就不能利用胶溶作用来达到重新分散的目的。

胶溶法一般用在化学凝聚法制溶胶。为了将多余的电解质离子除掉，先将胶粒过滤、洗涤，然后尽快分散在含有胶溶剂的介质中，形成溶胶。

③ 超声分散法　频率高于 $16000Hz$ 的声波称为超声波，高频率的超声波传入介质中，在介质中产生相同频率的疏密交替，对分散相产生很大的撕碎力，从而达到分散效果。此法操作简单、效率高，经常用在胶体分散及乳状液的制备中。

（2）凝聚法　与分散法相反，凝聚法是由分子（或者原子、离子）的分散状态凝聚为胶体粒子的一种方法。通常可以分为化学凝聚法和物理凝聚法。

① 化学凝聚法　通过各种化学反应使生成物呈过饱和状态，使初生成的难溶物微粒结合成胶粒，在少量稳定剂存在下形成溶胶，这种稳定剂一般是某一过量的反应物。例如，利用水解反应制备氢氧化铁溶胶，方法是在不断地搅拌下，将 $FeCl_3$ 稀溶液滴加到沸腾的水中水解，即可生成棕红色、透明的氢氧化铁溶胶。过量的 $FeCl_3$ 起到稳定剂的作用，$Fe(OH)_3$ 选择性吸附 Fe^{3+}，从而形成带正电荷的溶胶。

$$FeCl_3（稀）＋3H_2O（热）\longrightarrow Fe(OH)_3（溶胶）＋3HCl$$

通过复分解反应制备硫化砷溶胶是在三氧化二砷的饱和水溶液中，缓慢地通入 H_2S 气体，即可生成淡黄色硫化砷溶胶。HS^- 为稳定剂，硫化砷溶胶选择性地吸附 HS^- 从而带负电。

$$2H_3AsO_3（稀）＋3H_2S\longrightarrow As_2S_3（溶胶）＋6H_2O$$

② 物理凝聚法　是将蒸气状态的物质或溶解状态的物质凝聚为胶体状态的方法，又可以分为更换溶剂法和蒸气凝聚法。

a. 更换溶剂法，也叫改换介质法。此法利用同一物质在两种能够完全互溶的溶剂中溶解度的显著差别来制备溶胶，使溶解于良溶剂中的溶质，在加入不良溶剂后，因其溶解度下降而以胶体粒子的大小析出，从而形成溶胶。此法制备溶胶的方法简便，但得到的溶胶粒子不太细。例如，松香易溶于乙醇而难溶于水，将松香的乙醇溶液滴入水中可制备松香的水溶胶；将硫的丙酮溶液滴入 90℃ 左右的热水中，丙酮蒸发后，即可得到硫的水溶胶。

b. 蒸气凝聚法。首先将体系抽真空，然后加热装有分散相（如钠）和分散介质（如苯）的容器，使钠和苯同时蒸发，随之混合蒸气受到液态空气冷却同时凝聚得到含有胶体钠的固态苯。除去液态空气后，固态苯熔化为液体，从而获得钠的苯溶胶。

2. 溶胶的净化

在制备溶胶的过程中，常使某一参加反应的电解质溶液过量以增加溶胶的稳定性。少量电解质可以作为溶胶的稳定剂，但是过多电解质的存在会使溶胶不稳定，容易聚沉，所以必须除去。在制备溶胶时会生成一些多余的电解质，如制备 $Fe(OH)_3$ 溶胶时生成的 HCl，对溶胶的稳定性不利，需将它们除去，称为溶胶的净化。净化的方法主要有渗析法和超过滤法。

（1）渗析法　将需要净化的溶胶放在羊皮纸或动物膀胱等半透膜制成的容器内，膜外放纯溶剂。利用浓差因素，多余的电解质离子不断向半透膜外渗透，经常更换溶剂，就可以净化半透膜容器内的溶胶。为了加快渗析速度，在装有溶胶的半透膜两侧外加一个电场，使多余的电解质离子向相应的电极做定向移动。溶剂水不断自动更换，这样可以提高净化速度。这种方法称为电渗析法。为了加快渗透作用，比较简单的方法是适当提高温度或者将装有溶胶的半透膜容器进行旋转，以加快渗析速度。

（2）超过滤法　用半透膜作过滤膜，利用吸滤或加压的方法使胶粒与含有杂质的介质在压差作用下迅速分离，然后将半透膜上的胶粒迅速用含有稳定剂的介质再次分散。有时为了加快过滤速度，在半透膜两边安放电极，施以一定电压，使电渗析和超过滤联合使用，这样可以降低超过滤压力。

3. 溶胶的性质

主要包括光学性质、动力学性质与电学性质。

（1）光学性质　由于光的本质是电磁波，光与物质的作用与光的波长和物质颗粒大小有关。当分散相粒子尺寸大于入射光波长，发生光的反射，无丁达尔现象；当分散相粒子尺寸小于入射光的波长，如胶体系统，则发生光的散射而产生丁达尔现象。

（2）动力学性质　包括布朗运动、扩散及沉降与沉降平衡。

（3）电学性质　包括电泳、电渗、流动电势和沉降电势。

4. 溶胶的聚沉

溶胶对电解质十分敏感，在电解质作用下胶体粒子因聚结而下沉的现象称为聚沉。在指定条件下使某溶胶聚沉，所需电解质的最小浓度值称为聚沉值，其单位为 mmol/L。影响聚沉的主要因素是与胶粒电荷相反的离子的价数、离子的大小及同号离子的作用等。一般来说，反号离子价数越高，聚沉能力越强，聚沉值越小；聚沉值大致与反离子价数的 6 次方成反比。

三、 实验仪器与药品

1. 仪器：电泳仪 1 套；电炉（300W）1 只；直流稳定电源 1 台；具有暗视野镜头显微镜 1 台（公用）；50mL 烧杯 2 只；250mL 锥形瓶 1 只；250mL 烧杯 1 只；1000mL 烧杯 1 只；胶头滴管 2 支，25mL 量筒 2 个，试管 2 支。

2. 药品：2％和 20％ $FeCl_3$ 溶液；火棉胶溶液；10％$NH_3 \cdot H_2O$；2％酒精松香溶液；0.01mol/L $AgNO_3$ 溶液，0.01mol/L KI 溶液，0.1mol/L $CuSO_4$ 溶液；1mol/L Na_2SO_4 溶液；2mol/L NaCl 溶液；KNO_3 辅助液；乙醇（分析纯）；乙醚（分析纯）；低氮硝化纤维素；去离子水。

四、 实验步骤

1. 氢氧化铁 $Fe(OH)_3$ 溶胶的制备

（1）水解法　在 250mL 烧杯中加入 95mL 蒸馏水并加热至沸腾，不断搅拌下逐滴加入 5mL 2％ $FeCl_3$ 溶液，加完后继续沸腾几分钟，溶液变成暗红棕色氢氧化铁溶胶。

（2）胶溶法　取 10mL 20％$FeCl_3$ 放在小烧杯中，加水稀释到 100mL，然后用滴管逐滴加入 10％$NH_3 \cdot H_2O$ 到稍微过量为止。过滤生成的 $Fe(OH)_3$ 沉淀，用蒸馏水洗涤数次。将沉淀放入一烧杯中，加 10mL 蒸馏水，再用滴管滴加约 10 滴 20％$FeCl_3$ 溶液，并用小火加热，最后得到棕红色透明的 $Fe(OH)_3$ 溶胶。

2. 松香溶胶的制备

用滴管将松香乙醇溶液逐滴滴入到盛有蒸馏水的烧杯中，同时剧烈搅拌，即可制得半透明的松香溶胶。如果发现有较大的质点，需将溶胶过滤 1 次。

3. 两种 AgI 溶胶的制备

（1）取 20mL 0.01mol/L $AgNO_3$ 溶液置于 50mL 烧杯中，在搅拌下向烧杯中缓慢滴加 16mL 0.01mol/L KI 溶液，制得溶胶 A。

（2）取 20mL 0.01mol/L KI 溶液置于 50mL 烧杯中，在搅拌下向烧杯中缓慢滴加 16mL 0.01mol/L $AgNO_3$ 溶液，制得溶胶 B。

4. 半透膜的制备

做半透膜的火棉胶使用的是纤维素与硝酸结合而成的低氮硝化纤维素，可取酒精与乙醚各 50mL 混合，加 8g 低氮硝化纤维素，溶解即得（实验室预先制备），也可选用市售的火棉胶溶液直接制备半透膜。半透膜的孔径大小与半透膜的干燥时间长短有关，时间短则膜厚而孔大，透过性强；时间长则膜薄而孔小，透过性弱。

取一干洁的 150mL 锥形瓶，倒入数毫升火棉胶溶液，小心转动锥形瓶，使之在锥形瓶上形成均匀薄层，倾出多余的火棉胶液倒回原瓶，倒置锥形瓶于铁圈上，让剩余的火棉胶液流尽，并让溶剂挥发干，几分钟后，在瓶口剥开一部分膜，在此膜与瓶壁间加几毫升水，用水使膜与瓶壁分开，轻轻取出，即得半透膜（火棉胶袋）。在袋中加入少量清水，检验袋里是否有漏洞，若有漏洞，只需擦干有洞的部分，用玻璃棒蘸少许火棉胶液补上即可。

5. Fe(OH)$_3$溶胶的净化

把制得的 Fe(OH)$_3$溶胶倒入火棉胶袋（半透膜），用线拴住袋口，置于 1000mL 的大烧杯内，加 500mL 蒸馏水，保持温度 60～70℃，进行热渗析。每半小时换 1 次水，并取 1mL 检验其中 Cl$^-$ 和 Fe^{3+}（分别用 AgNO$_3$溶液和 KSCN 溶液检验），直到不能检验出 Cl$^-$ 和 Fe^{3+}为止。纯化好的溶胶冷却后保存备用。

6. 溶胶的性质

（1）光学性质（丁铎尔现象）　用聚光灯分别照射放在暗室中的 CuSO$_4$溶液、Fe(OH)$_3$溶胶、松香溶胶、AgI 溶胶、水，从侧面观察乳光强度的大小，并进行比较，区别溶胶与溶液。

（2）动力学性质　将制得的酒精松香溶胶蘸一点在载玻片上，加一盖玻片，放在暗视野的显微镜下，调节聚光器，直到能看到胶体粒子的无规则运动（即布朗运动）。

（3）电学性质　取一 U 形电泳管洗净，加几毫升 KNO$_3$辅助液调至活塞内无空气，从小漏斗中加入 AgI 溶胶 A，不可太快，否则界面易冲坏，等界面升到所需刻度，插上铂电极，通直流电（40V）后，观察界面移动方向，判断溶胶带什么电荷。同法观察 AgI 溶胶 B。

7. 溶胶的凝聚

在 2 支小试管中各注入约 2mL Fe(OH)$_3$溶胶，分别滴加 NaCl 与 Na$_2$SO$_4$溶液，观察比较产生凝聚现象时，电解质溶液的用量各是多少。

8. 实验结束，关闭电源，回收胶体溶液，整理实验台。

五、　数据处理

1. 将实验现象整理列表。
2. 写出所制备溶胶的胶团结构式。
3. 比较 NaCl 与 Na$_2$SO$_4$对 Fe(OH)$_3$溶胶的聚沉能力的大小，并分析原因。

六、　实验注意事项

1. 制备溶胶时要求铁离子充分水解，所以滴加速度不要太快，搅拌要充分。
2. 做半透膜的锥形瓶一定要干燥。加水不能太早或太迟。
3. 电泳管一定要洗净并干燥，否则无论如何小心都很难得到清晰的界面。

七、　思考题

1. 制得的溶胶为什么要净化？加速渗析可以采取什么措施？
2. Fe(OH)$_3$溶胶渗析的目的是除去什么电解质？有什么办法检测 Fe(OH)$_3$溶胶纯化的程度？
3. 注意观察电泳时溶胶上升界面与下降界面的颜色、清晰程度及移动速度有什么不同？并分析产生这些差别的可能原因。
4. 溶胶的制备有哪些方法，原理是什么？

八、　讨论

1. 水解法制备 Fe(OH)$_3$溶胶时发现不同小组制得的溶胶颜色深浅不大一致，可能是 Fe^{3+}浓度不一致。因而制备胶体时，一定要缓慢向沸水中逐滴加入 FeCl$_3$溶液并不断搅拌，否则，得到的胶体颗粒太大、稳定性差，容易聚沉形成沉淀。另外，溶液要一直保持沸腾状态。

2. 在制作半透膜时必须注意的是：

① 刚制备好的半透膜应装满水溶出其中剩余的乙醚。装水不宜太早，否则导致乙醚未蒸发完，加水后半透膜呈白色而不适用；装水太迟会使半透膜变干硬而不易取出。

② 要及时更换浸泡半透膜所用的去离子水。

◆ 参考文献 ◆

[1] 傅献彩，沈文霞，姚天杨，等. 物理化学. 第5版. 北京：高等教育出版社，2005.
[2] 北京大学化学学院物理化学实验教学组. 物理化学实验. 第4版. 北京：北京大学出版社，2002.
[3] 杨百勤. 物理化学实验. 北京：化学工业出版社，2010.
[4] 夏海涛. 物理化学实验. 第2版. 南京：南京大学出版社，2014.

实验二十一
电导法测定临界胶束浓度

建议实验学时数：3学时

一、 实验目的及要求

1. 理解表面活性剂溶液临界胶束浓度的意义。
2. 掌握电导法测定离子型表面活性剂临界胶束浓度的方法，熟悉电导率仪的使用方法。
3. 了解测定表面活性剂临界胶束浓度的几种方法。

二、 实验原理

表面活性剂（surfactant），是指加入少量就能使水的表面张力显著降低的物质。表面活性剂的分子结构具有两亲性：一端为亲水基团，另一端为疏水基团。表面活性剂的疏水基团一般由长链的碳氢构成，如直链烷基 $C_8 \sim C_{20}$、支链烷基 $C_8 \sim C_{20}$、烷基苯基（烷基碳原子数为8～16）等；亲水基团常为极性基团，如羧酸、磺酸、硫酸、氨基及其盐，羟基、酰氨基、醚键等也可作为极性亲水基团。表面活性剂的分类一般以亲水基团的结构为依据，可分为三大类：①阴离子型表面活性剂，如羧酸盐（肥皂）、烷基硫酸盐（十二烷基硫酸钠）、烷基磺酸盐（十二烷基苯磺酸钠）等；②阳离子型表面活性剂，主要是胺盐，如十二烷基二甲基叔胺和十二烷基二甲基氯化铵；③非离子型表面活性剂，如聚氧乙烯类。

在含有表面活性剂的溶液中，当表面活性剂浓度较低时，表面活性剂在溶液的表面定向排列；当表面被表面活性剂占满后，即表面活性剂的浓度超过一定值后，表面活性剂离子或分子将会在溶液中发生缔合，形成"胶束"。对于指定的表面活性剂，在溶液中开始形成胶

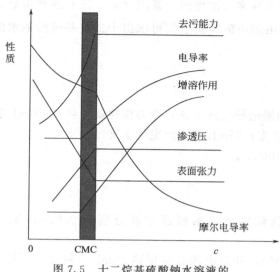

图 7.5　十二烷基硫酸钠水溶液的
物理性质与浓度的关系

束的最低浓度称为该表面活性剂的临界胶束浓度（critical micelle concentration, CMC），CMC 常表现为一个窄的浓度范围，如图 7.5 所示。CMC 可以用来衡量表面活性剂的活性大小。CMC 越小，表明改变表面性质所需的浓度越小，表面活性剂的活性就越高，也就是说只要很少的表面活性剂就可起到润湿、乳化、增溶、起泡等作用。在临界胶束浓度处，由于溶液结构改变而导致其物理及化学性质（如表面张力、电导率、渗透压、浊度、光学性质等）随浓度的关系曲线出现明显的转折。这一现象是测定 CMC 的实验依据，也是表面活性剂的一个重要特征。

在恒定温度下，稀的强电解质溶液的电导率 κ 与其摩尔电导率（Λ_m）的关系为：

$$\Lambda_m = \kappa / c$$

式中，κ 单位是 S/m；Λ_m 单位是 $S \cdot m^2 / mol$；c 的单位是 mol/m^3。

若温度恒定，则在极稀的浓度范围内，强电解质溶液的摩尔电导率 Λ_m 与其溶液浓度的平方根呈线性关系：

$$\Lambda_m = \Lambda_m^{\infty} - A\sqrt{c}$$

式中，Λ_m^{∞} 是无限稀释时溶液的摩尔电导率；A 为常数。

对于离子型表面活性剂，其稀溶液的电导率的变化规律也同强电解质溶液一样。但是，随着溶液中胶束的生成，电导率和摩尔电导率发生明显变化，如图 7.6 所示，这就是电导法确定临界胶束浓度的依据。

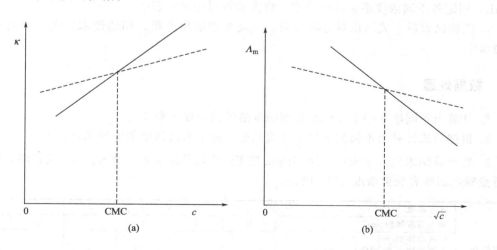

图 7.6　十二烷基硫酸钠水溶液电导率与浓度的关系（a）；摩尔电导率与浓度平方根的关系（b）

本实验采用电导法，应用 DDS-11A 型电导率仪测定不同浓度十二烷基硫酸钠水溶液的电导率（也可以求出摩尔电导率），通过绘制电导率与浓度的关系图（$\kappa\text{-}c$ 图）或摩尔电导率与浓度的平方根的关系图（$\Lambda_m\text{-}\sqrt{c}$ 图），由图中的转折点即可求出十二烷基硫酸钠水溶液在该温度下的临界胶束浓度。

三、 实验仪器与药品

1. 仪器：DDS-11A 型电导率仪 1 台；铂黑电导电极 1 支；磁力搅拌器 1 台；100mL 容量瓶 2 只；100mL 烧杯 2 只；50mL 移液管 2 支；25mL 酸式滴定管 1 支。

2. 药品：十二烷基硫酸钠溶液（0.020mol/L）。

四、 实验步骤

1. 将浓度为 0.020mol/L 的十二烷基硫酸钠溶液稀释成浓度分别为 0.01mol/L 和 0.002mol/L 的十二烷基硫酸钠溶液。

2. 将电极安装到电导率仪上，接好电源线，开启电源开关预热 10min，将校正、测量选择开关扳向"校正"，然后将仪器显示值调整到电极常数值，再将校正、测量选择开关扳向"测量"，选择合适的量程。

3. 溶液电导率的测定。

① 移取 0.002mol/L 十二烷基硫酸钠溶液 50mL 放入 1 号烧杯中；用蒸馏水冲洗电极并用滤纸将电极表面的水吸干，然后将其插入 1 号烧杯的溶液中（注意电极与烧杯底部保持一定的距离，以免影响搅拌），测量电导率。往 1 号烧杯溶液中滴加 0.020mol/L 的十二烷基硫酸钠溶液 1.0mL，开启搅拌器开关，溶液搅拌均匀后，测定电导率；然后依次滴加 0.020mol/L 的十二烷基硫酸钠溶液 4.0mL、5.0mL、5.0mL 和 5.0mL，同上方法测定电导率的值，将实验数据记录在表中。

② 取出电极，用蒸馏水将其冲洗干净并用滤纸将电极表面的水吸干。移取 0.010mol/L 十二烷基硫酸钠溶液 50mL 放入 2 号烧杯中，将电极放入溶液中，测定其电导率。开启搅拌开关，给 2 号烧杯中依次滴加 0.020mol/L 的十二烷基硫酸钠溶液 8mL、10mL、10mL 和 15mL，测定各不同浓度溶液的电导率，将实验数据记录在表中。

4. 实验结束后，关闭仪器电源开关。从烧杯中取出电极，用蒸馏水冲洗干净后浸泡在蒸馏水中。

五、 数据处理

1. 计算出不同浓度的十二烷基硫酸钠水溶液的浓度 c 和 $\sqrt{c}$。

2. 根据公式计算出不同浓度的十二烷基硫酸钠水溶液的摩尔电导率 Λ_m。

3. 将计算结果填入下表中，用 Origin 或 Excel 软件绘制 $\kappa\text{-}c$ 或 $\Lambda_m\text{-}\sqrt{c}$ 关系图，由图中转折点确定出临界胶束浓度 CMC 的值。

	滴定次数	1	2	3	4	5	6
	滴入溶液体积/mL	0	1	4	5	5	5
1# 烧杯	溶液总体积/mL						
	溶液浓度 c/(mol/L)						
	电导率 κ/(S/m)						
	$\sqrt{c}$/(mol/L)$^{\frac{1}{2}}$						
	摩尔电导率 Λ_m/(S·m²/mol)						

2# 烧杯	滴定次数	1	2	3	4	5
	滴入溶液体积/mL	0	8	10	10	15
	溶液总体积/mL					
	溶液浓度 c /(mol/L)					
	电导率 κ /(S/m)					
	$\sqrt{c}$ /(mol/L)$^{\frac{1}{2}}$					
	摩尔电导率 Λ_m/(S·m²/mol)					

六、　实验注意事项

1. 电极在冲洗后用滤纸将水吸干，不要用滤纸擦电极上的铂黑，以免使铂黑脱落而改变电导池常数。

2. 测量过程中，搅拌速度不可太快，以免碰坏电极。

3. 稀释十二烷基硫酸钠水溶液时，防止猛烈振荡，以免产生大量气泡影响测定。

七、　思考题

1. 试说出电导法测定临界胶束浓度的原理。

2. 表面活性剂溶液临界胶束浓度的意义是什么？

3. 实验中影响临界胶束浓度的因素有哪些？

附录 7-4　测定临界胶束浓度的常用方法简介

原则上，表面活性剂溶液随浓度变化的物理化学性质皆可用来测定 CMC。测定 CMC 的方法很多，常用的有表面张力法、电导法、染料吸附法、增溶法、紫外分光光度法和黏度法等。

1. 表面张力法

表面活性剂溶液的表面张力随浓度的增大而降低，在 CMC 处发生转折。因此，可用表面张力（γ）-对数浓度（$\lg c$）曲线的转折点确定 CMC 值。表面张力法不仅可以求得临界胶束浓度，还可以求出表面吸附等温线。另外，无论对于高表面活性还是低表面活性的表面活性剂，对临界胶束浓度的测定都具有较高的灵敏度，而且不受无机盐的干扰。

2. 染料吸附法

利用某些染料的生色有机离子（或分子）吸附于胶束上，而使其颜色发生明显变化的现象，可用染料作指示剂，借助于分光光度计测定溶液的最大吸收光谱的变化来确定 CMC 值。只要染料合适，此法非常简便。此法适用于离子型和非离子型表面活性剂。

3. 增溶法

利用表面活性剂溶液对物质的增溶能力随浓度的变化关系，在临界胶束浓度处有明显的变化从而确定 CMC 值。

4. 电导法

利用离子型表面活性剂水溶液电导率随浓度的变化关系，从电导率（κ）-浓度（c）关系图或摩尔电导率（Λ_m）-$\sqrt{c}$ 关系图上的转折点求出 CMC 值。此法仅适用于离子型表面活性剂。对于 CMC 值较大，表面活性低的表面活性剂，因转折点不明显而不灵敏。采用哪种方法，则视具体体系而定。

5. 黏度法

作为表面活性剂溶液的物理化学性质之一的黏度随着表面活性剂溶液的浓度在临界胶束浓度处发生突变，可以利用其来测定 CMC 值。溶液及纯溶剂在黏度计的毛细管中的流出时间（t_1，t_0），对于稀溶液有：

$$\eta = (t_1/t_0)\eta_0$$
$$\eta_{sp} = (\eta_1 - \eta_0)/\eta_0 = [(t_1/t_0)\eta_0 - \eta_0] = t_1/t_0 - 1$$

式中，η_1 为表面活性剂溶液的黏度；η_0 为纯溶剂的黏度；η_{sp} 为增比黏度。通过比浓黏度（η_{sp}/c）对浓度 c 作图，可求得 CMC 值。

6. 紫外分光光度法

不同的溶液有不同的特征谱，将待测样品配成一定浓度的溶液，测得不同浓度下的最大紫外吸收波长 λ_{max}，绘制 λ_{max}-c 曲线，曲线转折点处的浓度即为表面活性剂的 CMC 值。紫外分光光度法具有简单、准确的优点，可以测定多种表面活性剂，特别适合测定混合表面活性剂体系的临界胶束浓度。

◆ 参考文献 ◆

［1］ 复旦大学，等 . 物理化学实验 . 第 3 版 . 北京： 高等教育出版社， 2004.
［2］ 罗鸣，石士考，张雪英 . 物理化学实验 . 北京： 化学工业出版社， 2012.
［3］ 郑传明，吕桂琴 . 物理化学实验 . 第 2 版 . 北京： 北京理工大学出版社， 2015.
［4］ 王军，杨冬梅，张丽君，等 . 物理化学实验 . 北京： 化学工业出版社， 2009.
［5］ 董姝丽，吴华双，刘德珍，等 . 紫外吸收分光光度法测定表面活性剂的临界胶束浓度 . 分析测试技术与仪器，
     1996， 2(4)： 33.

实验二十二
乳状液的制备、 鉴别及破坏

建议实验学时数： 3 学时

一、 实验目的及要求

1. 掌握乳状液的制备方法。
2. 熟悉乳化剂的使用及乳状液类型的鉴别方法。
3. 熟悉乳状液的一些破坏方法。

二、 实验原理

乳状液是多相分散系统，它是由一种液体以极小的液滴形式分散在另一种与其不相混溶的液体中构成的。分散相液滴一般在 $1\sim5\mu m$。由于系统内两液体的界面积增大，界面吉布

斯函数增大，因此，乳状液是热力学不稳定系统，必然自发地趋于吉布斯函数降低，即小液滴会自发聚集为大液滴，导致最后分层。要想得到稳定的乳状液，必须加入乳化剂，才能形成保护膜，并能显著地降低吉布斯函数，从而使乳状液能够稳定存在。常用的乳化剂大多为表面活性剂。表面活性剂主要通过降低表面能、在液珠表面形成保护膜或使液珠带电来稳定乳状液。在乳化剂存在的情况下，乳状液具有一定的动力学稳定性，在界面电性质和聚结不稳定性等方面与胶体分散系统相似。

在乳状液中，一切不溶于水的液体统称为"油"。乳状液一般分为水包油型（O/W）和油包水型（W/O）。乳状液的鉴别方法主要有：

（1）染色法　选择一种仅溶于油但不溶于水或仅溶于水不溶于油的染料，加入乳状液。若染料溶于分散相，则在乳状液中出现一个个染色的小液滴。若染料溶于连续相，则乳状液内呈现均匀的染料颜色。如在乳状液中加入少许油溶性染料苏丹红，振荡后观察，若出现星星点点的红色，表明乳状液为水包油（O/W）型；若乳状液通体被染为红色，表明乳状液为油包水（W/O）型。因此，根据染料的分散情况可以判断乳状液的类型。

（2）稀释法　乳状液能为其外相液体所稀释，加一滴乳状液于水中，如果立即散开，即说明乳状液的分散介质为水，故乳状液属于水包油（O/W）型；如果不立即散开，即为油包水（W/O）型。

（3）电导法　水相中一般都含有离子，故其导电能力比油相大得多。当水为分散介质（即连续相）时乳状液的导电能力大；反之，油为连续相，水为分散相，水滴不连续，乳状液导电能力小。将两个电极插入乳状液，接通直流电源，并串联电流表。若电流表显著偏转，为水包油（O/W）型乳状液；若指针几乎不动，为油包水（W/O）型乳状液。

（4）滤纸润湿法　一般滤纸能被水润湿而不为油润湿，因此，给滤纸上滴加少量乳状液，若液体很快展开并留下散落的细小油滴，则此乳状液为水包油（O/W）型，否则为油包水（W/O）型。

（5）荧光法　有机物在紫外光照射下呈现荧光，如果全部呈现荧光，则属于油包水（W/O）型乳状液，否则为水包油（O/W）型乳状液。

乳化剂也分为两类，即水包油型乳化剂和油包水型乳化剂。一价金属的脂肪酸皂类（例如油酸钠）由于其亲水性大于亲油性，通常为水包油型乳化剂；而两价或三价脂肪酸皂类（例如油酸镁）由于亲油性大于亲水性，所以是油包水型乳化剂。

在工业生产中有时需把形成的乳状液破坏，即使其内外相分离（分层），称为破乳或去乳化作用。破乳一般分为两步：分散相的微小液滴首先絮凝成团，但这时仍未完全失去原来各自独立的属性；第二步为凝聚过程，即分散相结合形成更大的液滴，在重力场的作用下自动分层。破乳常用的方法有：

（1）加破乳剂法　破乳剂往往是反型乳化剂。例如，对于由油酸镁作乳化剂的油包水型乳状液，加入适量油酸钠可使乳状液破坏。因为油酸钠亲水性强，它也能在液面上吸附，形成较厚的水化膜，与油酸镁相对抗，互相降低它们的乳化作用，使乳状液稳定性降低而被破坏。若油酸钠加入过多，则其乳化作用占优势，油包水型乳化液可能转化为水包油型乳化液。

（2）加电解质法　不同电解质可能产生不同作用。一般来说，在水包油型乳状液中加入电解质，可改变乳状液的亲水亲油平衡，从而降低乳状液的稳定性。

有些电解质能与乳化剂发生化学反应，破坏其乳化能力或形成新的乳化剂。如在油酸钠稳定的乳状液中加入盐酸，由于油酸钠与盐酸发生反应生成油酸，失去了乳化能力，使乳状液破坏。

$$C_{17}H_{33}COONa + HCl \longrightarrow C_{17}H_{33}COOH + NaCl$$

同样，如果乳状液中加入氯化镁，则可生成油酸镁，此时乳化剂由一价皂变成二价皂。当加入适量氯化镁时，生成的反型乳化剂油酸镁与剩余的油酸钠对抗，使乳状液破坏。若加入过量氯化镁，则形成的油酸镁乳化作用占优势，使水包油型的乳状液转化为油包水型的乳状液。

$$2C_{17}H_{33}COONa + MgCl_2 \longrightarrow (C_{17}H_{33}COO)_2Mg + 2NaCl$$

（3）加热法　升高温度可使乳状液在界面上的吸附量降低；溶剂化层减薄；降低了介质黏度；增强了布朗运动，因此，减少了乳状液的稳定性，有助于乳状液的破坏。

（4）高压电法　在高压交流电场作用下一方面削弱保护膜的强度；另一方面原油中的微小水滴被极化，一端带正电，另一端带负电。因此，水滴相互吸引彼此联结成链，最后聚集成大水滴，在重力作用下分离出来，造成乳状液的破坏。

O/W 型变成了 W/O 型或相反的过程称为乳状液的转型。影响乳状液转型的因素有：

① 乳化剂类型的转变　根据定向楔理论，乳化剂的构型是决定乳状液类型的重要因素。用钠皂稳定的乳状液是 O/W 型，加入足够量的二价阳离子（Ca^{2+}、Mg^{2+}）或三价阳离子（Al^{3+}）能使乳状液变为 W/O 型。

② 相体积理论　若水的体积介于 $26\% \sim 74\%$，乳状液稳定存在；当继续加入分散相，体积超过了 74% 后，极易发生变型。

③ 温度　以脂肪酸钠作为乳化剂的苯-水乳状液为例，假如脂肪酸钠中有相当多的脂肪酸存在，则得到的是 W/O 型乳状液。升高温度可加速脂肪酸向油相扩散的速率，使膜中脂肪酸含量减少而形成 O/W 型乳状液。降低温度并静置 30min，又变成 W/O 型乳状液。

④ 电解质　大量电解质的加入可能使乳状液变型。以油酸钠为乳化剂的苯在水中的乳状液为例，加入 0.5mol/L 氯化钠时可变为 W/O 型。这是因为电解质浓度很大时，离子型皂的解离度大大下降，亲水性也因此而降低，甚至会以固体皂的形式析出，乳化剂亲水亲油性质的这种变化最终导致乳状液的变型。

三、实验仪器与药品

1. 仪器：DDS-11A 型电导率仪 1 台；DJS-1 型铂黑电导电极 1 支；磁力搅拌器 1 台；1mL 移液管 2 支；电热恒温水浴锅 1 台；100mL 磨口锥形瓶 2 只；试管 10 支；25mL 量筒 4 个；100mL 烧杯 4 只；胶头滴管 2 支；60mL 滴瓶 5 只。

2. 药品：十二烷基硫酸钠（化学纯）；油酸钠（化学纯）；戊醇（分析纯）；甲苯（化学纯）；苯（化学纯），苏丹Ⅲ（化学纯）；氯化镁（化学纯）；三氯化铝（化学纯）。

四、实验步骤

1. 乳状液的制备

① 用 25mL 量筒量取 1% 的十二烷基硫酸钠溶液 25mL，放入 100mL 磨口锥形瓶中。用量筒量取 5mL 甲苯，将甲苯逐滴加入到锥形瓶中，猛烈振荡，每加 1mL 甲苯剧烈振荡锥形瓶半分钟，直到 5mL 甲苯滴加完为止，剧烈振荡摇匀，即制得乳状液Ⅰ。

② 用 25mL 量筒量取 1% 的油酸钠水溶液 15mL，然后倒入 100mL 磨口锥形瓶内。用

25mL 量筒量取 15mL 苯，然后向盛有油酸钠水溶液的锥形瓶内分次加入苯，每次约加 1mL，并且剧烈振荡锥形瓶，直至看不到分层的苯相。将量取的苯全部加完，并将溶液摇匀后，即制得乳状液Ⅱ。

2. 乳状液类型鉴别

① 稀释法　分别用小滴管将一滴乳状液Ⅰ和Ⅱ滴入盛有自来水的烧杯中，观察现象。

② 染色法　取两支干净试管，分别加入 1～2mL 乳状液Ⅰ和Ⅱ，向每支试管中加入一滴苏丹Ⅲ溶液，观察现象。

③ 导电法　取两只干燥小烧杯，分别加入 20mL 乳状液Ⅰ和Ⅱ，插入电导电极测定电导率，依次区别乳状液的类型。

3. 乳状液的破坏和转型

① 取乳状液Ⅰ和Ⅱ各 5mL 分别放入两支试管中，逐滴加入 3mol/L HCl 溶液，观察现象。

② 取乳状液Ⅰ和Ⅱ各 5mL 分别放入两支试管中，在水浴中加热，观察现象。

③ 取乳状液Ⅰ和Ⅱ各 5mL 分别放入两支试管中，逐滴加入戊醇，观察现象。

④ 取 5mL 乳状液Ⅱ置于试管中，逐滴加入 0.25mol/L $MgCl_2$ 溶液，每加一滴剧烈摇动，注意观察乳状液的破坏和转型。

⑤ 取 5mL 乳状液Ⅱ置于试管中，逐滴加入饱和 $AlCl_3$ 溶液，每加一滴剧烈摇动，观察乳状液有无破坏和转型。

五、 数据处理

1. 列表格记录、整理实验所观察到的现象，并分析各种现象产生的原因。
2. 根据乳状液鉴别所观察到的现象，确定乳状液的类型。

六、 实验注意事项

1. 电导电极上所镀的铂黑不可刮擦，否则电极常数会发生变化。
2. 在制备乳状液时，苯或甲苯应分次加入，每加一次剧烈振荡均匀。

七、 思考题

1. 什么是乳状液？乳状液的类型有哪些？
2. 鉴别乳状液的诸方法有何共同点？
3. 有人说水量大于油量可形成水包油型乳状液，反之为油包水，对吗？试用实验结果加以说明。
4. 是否使乳状液转型的方法都可以破乳？是否可使乳状液破乳的方法都可用来转型？

◆ 参考文献 ◆

[1] 傅献彩，沈文霞，姚天杨，等. 物理化学. 第5版. 北京：高等教育出版社，2005.
[2] 黄震，周子彦，孙典亭. 物理化学实验. 北京：化学工业出版社，2009.
[3] 王金，刘桂艳. 物理化学实验. 北京：化学工业出版社，2015.

实验二十三
沉降分析

建议实验学时数：6 学时

一、 实验目的及要求

1. 掌握沉降分析法的测定原理和扭力天平的使用方法。
2. 用沉降分析法测定硫酸铅微粒半径大小的分布。

二、 实验原理

胶体溶液或悬浮液中的分散相固体粒子由于受到重力场的作用会发生沉降现象。假设固体颗粒为球形，则可以根据沉降速率测定微粒的半径。

通常将大量不同尺寸固体颗粒的集合体称为粉体；颗粒的大小称为颗粒的粒度；粉体在不同粒径范围所占的比例称为粒度分布。颗粒的粒度、粒度分布是粉体重要的物性特征指数，对粉末及其制品的性质、质量和用途有着显著影响。因此，通过实验测定粉体颗粒的粒度及其粒度分布，在生产实践中有着广泛的应用。

粒度测定方法主要有筛析法、显微镜法、沉降法、电感应法以及光散射法等。本实验将采用沉降分析法通过测定硫酸铅颗粒的沉降速率来计算相应的粒子半径，并得到有关物质不同半径粒子在不同时刻 t 时的沉降量随时间变化的关系曲线——沉降曲线，从而得到其粒度分布曲线。

沉降分析是根据物质颗粒在介质中的沉降速率来测定颗粒大小的一种方法。其测量原理基于斯托克斯（Stokes）定律。

设一半径为 r 的球形颗粒处于悬浮体系中，并且完全被液体润湿；颗粒在悬浮体系的沉降速率是缓慢而恒定的，达到恒定速率所需时间很短；颗粒在悬浮体系中的布朗运动不会干扰其沉降速率；颗粒间的相互作用不影响沉降过程。当该颗粒本身重力、所受浮力和黏滞阻力三者达到平衡时，颗粒在悬浮体系中以恒定的速率沉降，沉降速率与粒度大小的平方成正比。

粒子在介质中所受重力为：

$$f_1 = \frac{4}{3}\pi r^3 \rho_s g \tag{7.23}$$

粒子在介质中所受浮力为：

$$f_2 = \frac{4}{3}\pi r^3 \rho_0 g \tag{7.24}$$

根据 Stokes 定律，粒子所受的摩擦阻力为：

$$f_3 = 6\pi \eta r v \tag{7.25}$$

式中，ρ_0、ρ_s 分别为介质和粒子的密度，kg/m^3；r 为粒子半径，m；g 为重力加速度，m/s^2；η 为介质黏度，Pa·s；v 为粒子下沉的速度，m/s。

当 f_1，f_2，f_3 平衡时，粒子等速下沉，有 $6\pi \eta r v = \frac{4}{3}\pi r^3 (\rho_s - \rho_0) g$ (7.26)

则
$$r = \sqrt{\frac{9}{2} \times \frac{\eta v}{(\rho_s - \rho_0)g}} = K v^{1/2} \tag{7.27}$$

即当介质黏度、介质和粒子的密度一定时，测定粒子沉降速率就可以求得粒子的半径。如果实验用扭力天平测定粒子在不同时刻 t 时从介质沉降到平盘上的粒子质量 G，以 G 对 t 作图则可以得到沉降曲线。

粉体颗粒的粒度分布曲线是粒度分布函数 $F(r)$ 与粒子半径 r 之间函数关系的图示表达。根据粒度分布函数 $F(r)$ 定义：

$$F(r) = -\frac{1}{G_\infty} \times \frac{dm}{dr} = -\frac{1}{G_\infty} \times \lim_{\Delta r \to 0} \frac{\Delta m}{\Delta r} \tag{7.28}$$

式中，m 为在时间 t 内沉降到沉降托盘上粉体颗粒的质量；G_∞ 为沉降完毕后沉降托盘上粉体颗粒的质量；r 为粉体颗粒半径。

绘制粒度分布曲线有两种方法：图解法和解析法。

1. 图解法

在有限的半径变化范围内，将粒度分布函数 $F(r)$ 的定义式进行近似处理，得：

$$F(r) \approx -\frac{1}{G_\infty} \times \frac{\Delta m}{\Delta r} \tag{7.29}$$

对于含两种不同半径颗粒的分散系统（半径分别为 r_1、r_2，$r_1 > r_2$），沉降前颗粒均匀地分布在介质中，沉降速率分别为 v_1、v_2，则沉降曲线如图 7.7 所示。OA 段代表两种粒子同时沉降的线段，斜率大；到 t_1 时，所有半径为 r_1 的粒子全部沉降完毕，只剩半径为 r_2 的粒子发生沉降，沉降曲线发生转折；到 t_2 时，两种颗粒均已沉降完毕，质量不再改变，总沉降量为 G_2。延长 $\overline{AB}$ 与纵坐标轴交于点 S，则半径为 r_1 的粒子的沉降量为 OS；半径为 r_2 的粒子的沉降量为 $G_2 S$。

实际上悬浮液的颗粒半径分布是连续的，其沉降曲线一般有如图 7.8 所示的形状。在 G-t 曲线上做不同 t 对应的各点的切线外延至 y 轴，可求出不同 t 对应的粒子的沉降量。若托盘至液面之间的距离即粒子的沉降高度为 h，$r = K v^{1/2} = K \sqrt{\dfrac{h}{t}} = \dfrac{K'}{\sqrt{t}}$，则由

$\dfrac{m_{i+1} - m_i}{G_\infty (r_{i+1} - r_i)}$ 可求出在半径为 $r_{i+1} \sim r_i$ 范围的粒子的质量占粒子总质量的分数。

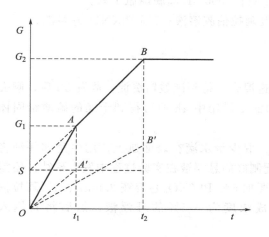

图 7.7　两种不同半径的粒子体系的沉降曲线

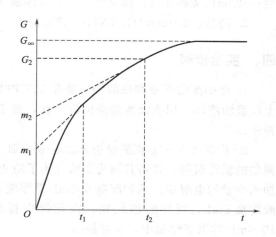

图 7.8　粒子半径连续分布体系的沉降曲线

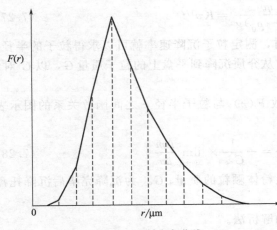

图 7.9　粒度分布曲线

以 $\dfrac{m_{i+1}-m_i}{G_\infty(r_{i+1}-r_i)}$ 对平均半径 $r=\dfrac{r_{i+1}+r_i}{2}$ 作图，得到梯状折线如图 7.9 所示。如果所取点足够多，将得到一光滑曲线，即粒度分布曲线。

2. 解析法

如果从图 7.8 中任选一点 (t,G)，该点的切线与纵轴的交点为 m，则有：

$$m=G-t\times\frac{\mathrm{d}G}{\mathrm{d}t}\qquad(7.30)$$

由粒度分布函数的定义，有：

$$F(r)=-\frac{1}{G_\infty}\times\frac{\mathrm{d}m}{\mathrm{d}r}=-\frac{1}{G_\infty}\times\frac{\mathrm{d}t}{\mathrm{d}r}\times\frac{\mathrm{d}m}{\mathrm{d}t}$$

$$=-\frac{1}{G_\infty}\times\frac{\mathrm{d}t}{\mathrm{d}r}\times\left(\frac{\mathrm{d}G}{\mathrm{d}t}-\frac{\mathrm{d}G}{\mathrm{d}t}-t\times\frac{\mathrm{d}^2G}{\mathrm{d}t^2}\right)=\frac{t}{G_\infty}\times\frac{\mathrm{d}t}{\mathrm{d}r}\times\frac{\mathrm{d}^2G}{\mathrm{d}t^2}\qquad(7.31)$$

由于 $r=\dfrac{K'}{\sqrt t}$ 则有 $\dfrac{\mathrm{d}t}{\mathrm{d}r}=-\dfrac{2K'^2}{r^3}=-\dfrac{2t}{r}$

所以 $$F(r)=-\frac{2t^2}{r}\times\frac{1}{G_\infty}\times\frac{\mathrm{d}^2G}{\mathrm{d}t^2}\qquad(7.32)$$

设描述沉降曲线的函数关系式为：$G=G_\infty[1-\exp(-at^b)]$。

式中，G_∞、a 和 b 为待定参数。通过 Origin 软件拟合得到待定参数，从而可求得粒度分布函数 $F(r)$，以 $F(r)$ 对 r 作图得到粒度分布曲线。

$$F(r)=\frac{2abt^b(abt^b-b+1)\exp(-at^b)}{r}\qquad(7.33)$$

三、 实验仪器与药品

1. 仪器：扭力天平（$0\sim500\mathrm{mg}$）1 台；秒表、沉降桶、沉降托盘各 1 只；$1000\mathrm{mL}$ 量筒；$500\mathrm{mL}$ 烧杯 2 只；温度计 1 支；长颈漏斗 1 只；$1000\mathrm{mL}$ 圆底烧瓶 1 只。

2. 药品：$0.02\mathrm{mol/L}$ $(NH_4)_2SO_4$ 溶液；5％阿拉伯胶溶液；5％ $Pb(NO_3)_2$ 溶液。

四、 实验步骤

1. 将硝酸铅溶液和硫酸铵溶液在 25℃ 时快速混合，得到硫酸铅沉淀。静置 3h 后，倾去上层混浊液体，用蒸馏水洗涤沉淀 4 次，置于 120℃ 烘箱中 4h 即可得到干燥的硫酸铅固体粉末。

2. 称取 $2.5\sim5\mathrm{g}$ 硫酸铅粉末放在表面皿上，取少量水滴在表面皿上，用牛角匙仔细将聚集的粗粒碾散，并将其调为糊状。为了防止配制好的悬浮液在实验过程中发生聚结，还需加入少量的电解质。例如配制 $500\mathrm{mL}$ 悬浮液，要加 5％ $Pb(NO_3)_2$ 溶液 $2.5\mathrm{mL}$、5％阿拉伯胶溶液 $5\mathrm{mL}$。调好的糊状物，在量筒中稀释成浓度为 0.5％ 的悬浮液，然后将其倒入 $1000\mathrm{mL}$ 的圆底烧瓶中，反复振摇。

3. 扭力天平的构造如图 7.10 所示。首先调节天平的水平位置，即旋转零点调节旋钮，

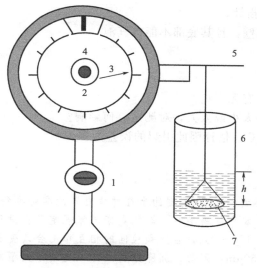

图 7.10　沉降天平示意图

1—旋钮（天平开关）；2—指针转盘；3—指针；4—平衡指针；5—托盘吊钩；6—沉降筒；7—托盘

使平衡指针处于"0"。旋钮 1 是天平的开关，打开旋钮，使天平臂（托盘吊钩）5 腾空，即可进行称量。2 为指针转盘，用来调节读数指针 3，使转盘落在指示的某个质量读数处（相当于在天平上加所指示质量的砝码），当天平达到平衡时，平衡指针 4 应与零线重合。

4. 沉降筒中装入 500mL 蒸馏水，将托盘挂在天平臂上，悬于沉降筒正中。开启开关 1，转动 2，使平衡指针 4 与零线重合，记录表盘读数 G_0，即为托盘在水中的相对质量。然后将水倒掉，擦干沉降筒、托盘和吊杆，待用。

5. 将圆底烧瓶内的 500mL 悬浮液摇匀，倒入沉降筒中，迅速将沉降筒放在天平右侧原位。随即，将托盘浸入悬浮液中（注意托盘底部不能有气泡），并将吊杆挂在扭力天平的挂钩上，在托盘浸入悬浮液深度一半时开启秒表。

6. 沉降开始时，秤盘上已经沉积有少量的硫酸铅，可不断转动 2，使平衡指针 4 始终处于零线。从第 30s 开始记录第 1 个读数，以后每隔 30s 读数 1 次。或者每增重 5mg 读 1 次数，直到每隔 5min，质量增加不到 0.5mg 为止。

7. 测量沉降筒中液面至托盘的距离 h，并测量悬浮液的温度。

8. 实验结束，关闭扭力天平，取下托盘，倒掉沉降筒中的悬浮液，然后清洗托盘和沉降筒。

五、　实验数据处理

1. 将实验测定的数据绘制成表。

2. 以沉降量 G(mg) 为纵坐标，沉降时间 t(s) 为横坐标，用 Origin 软件作图得到沉降曲线。沉降曲线的极限值 G_∞ 可用作图法外推求得，即在沉降曲线纵轴左侧作 G-$\dfrac{A}{t}$ 图（A 是任意常数，例如令 $A=100$），由图上 t 值较大的各点做直线外推，直线的截距即为 G_∞。

3. 计算不同半径 r 硫酸铅粒子的粒度分布函数 $F(r)$，并填入下表中。

t/s	G/mg	r/m	$F(r)$

4. 用 Origin 软件以硫酸铅粒子的粒度分布函数 $F(r)$ 对粒子半径 r 作图，得到硫酸铅粒子的粒度分布曲线。

六、　实验注意事项

1. 正确使用扭力天平。若要取下或挂上托盘，须将扭力天平关闭；旋转指针转盘时，动作要轻柔，且不能转动指针转盘直接穿越平衡指针。

2. 托盘应位于沉降筒的中间，不能碰沉降桶壁，且其底部不能有气泡。

七、思考题

1. 实验时，若托盘底部有气泡，对实验结果有无影响？
2. 分散相粒子含量太多，或分散相粒子半径太小或太大，对测定有何影响？
3. 实验时，若沉降筒中悬浮液的温度变动 5℃，估计因此引起的误差为多少？

附录 7-5　对沉降分析的补充说明

1. 实际上悬浮液中的颗粒常常不是球形，由公式(7.27)得到的半径并非真正的实际半径，而是具有相同质量和运动速率的颗粒的有效半径，或称等当半径。斯托克斯定律规定了在进行测定时，分散介质的浓度不能很大，一般不应大于 1‰～2‰，否则颗粒间的相互作用会改变颗粒的沉降情形；另外，颗粒的尺寸范围应在 0.1～50μm，因此，沉降分析法并不适用于典型的胶体溶液。当分散相颗粒的尺寸小于 0.1μm 时，可以在离心场中进行沉降分析；当分散相颗粒尺寸大于 50μm 时，可以用金属筛进行分离。

2. 对沉降分析最大的干扰是液体的对流（包括机械的和温度不均匀引起的热对流）和粒子的聚结。因此，保持体系温度恒定可以减少热对流。另外，适当调节分散介质的 pH、添加适量的电解质可以在一定程度上防止分散相粒子聚结。添加适当的分散剂是防止粒子聚结非常有效的方法，但分散剂的类型和用量必须经过试验，添加量一般不超过 0.1‰，以免影响体系的性质。

附录 7-6　不同温度时水的黏度值（表 7.3）

表 7.3　不同温度 T（℃）时水的黏度值 η（Pa·s）

T	$\eta \times 10^3$	T	$\eta \times 10^3$	T	$\eta \times 10^3$
0	1.787	19	1.027	30	0.7975
5	1.519	20	1.002	35	0.7194
10	1.307	21	0.9779	40	0.6529
11	1.271	22	0.9548	45	0.5960
12	1.235	23	0.9325	50	0.5468
13	1.202	24	0.9111	55	0.5040
14	1.169	25	0.8904	60	0.4665
15	1.139	26	0.8705	70	0.4042
16	1.109	27	0.8513	80	0.3547
17	1.081	28	0.8327	90	0.3147
18	1.053	29	0.8148	100	0.2818

◆ 参考文献 ◆

[1]　复旦大学，等，物理化学实验. 第 2 版. 北京：高等教育出版社，1993.

[2]　北京大学化学学院物理化学实验教学组．物理化学实验．第 4 版．北京：　北京大学出版社，2002．

实验二十四
BET 容量法测定固体物质的比表面积

建议实验学时数：5 学时

一、　实验目的及要求

1. 采用 BET 容量法测定硅胶的比表面积。
2. 掌握比表面积测定仪的基本构造及原理。
3. 通过实验了解 BET 多层吸附理论在测定固体物质的比表面积中的应用。

二、　实验原理

固体表面层的分子处于不对称的球形力场中，即分子所受的力不饱和，因而有剩余力场，可以吸附气体或液体分子。当气体在固体表面被吸附时，通常把起吸附作用的固体物质称为吸附剂，被吸附的气体物质称为吸附质。吸附剂对吸附质的吸附能力的大小由温度、压力及吸附剂和吸附质的性质决定。吸附量是描述吸附能力大小的一个重要物理量，通常用单位质量（或单位表面面积）吸附剂在一定温度下达到吸附平衡时所吸附的吸附质体积（或质量、物质的量等）来表示。对于一定化学组成的吸附剂，其吸附能力的大小还与其表面积的大小、孔洞大小及分布、制备和处理条件等因素有关。比表面积是指单位质量的多孔固体或粉末物质所具有的外表面积和内表面积之和，国际单位是 m^2/g，比表面积是衡量物质特性的重要参量。

按照吸附剂与吸附质之间吸附力的性质，通常将固体表面的吸附分为物理吸附和化学吸附两种类型。化学吸附的吸附剂与吸附质之间发生化学反应，吸附剂与吸附质之间以化学键结合；物理吸附的吸附质分子以范德华力作用而被吸附在吸附剂的表面。如果 1g 吸附剂的内、外表面形成单分子层吸附就达到饱和吸附，即符合朗缪尔单分子层吸附理论，则饱和吸附量乘以每个被吸附的气体分子的截面积，便可以求得固体吸附剂的比表面积。

当吸附质的温度接近于正常沸点时，往往发生多分子层吸附。1938 年，布鲁诺尔（Brunayer）、埃米特（Emmett）和特勒（Teller）三人提出了多分子层吸附理论，简称 BET 理论。多分子层吸附理论是建立在朗缪尔单分子层吸附理论的基础上提出的，接受了朗缪尔吸附理论中的以下观点：固体表面是均匀的，被吸附的气体分子之间没有相互作用力，吸附作用是吸附与脱附两个相反过程达到动态平衡的结果。BET 理论认为由于被吸附的气体本身的范德华引力，因此还可以继续与碰撞在它们上面的气体分子发生吸附，即形成多分子层吸附。其中第一层吸附是气体分子与固体表面直接发生作用，第二层以后各层则是相同气体分子之间的相互作用。在吸附过程中，不一定等待第一层吸附满了才发生第二层吸附，而是从一开始就表现为多分子层吸附，且吸附平衡时，每一层的吸附速率与脱附速率相等。由于第二层以上各层为相同气体分子的相互作用，因此除了第一层吸附热外，其余各层的吸附热都相同，接近于气体的凝结热。当吸附达到平衡时，气体的吸附量等于各层吸附量的总和。在等温条件下，推导得到 BET 吸附公式：

$$\frac{p}{V(p_0-p)}=\frac{1}{V_mC}+\frac{C-1}{V_mC}\times\frac{p}{p_0} \tag{7.34}$$

式中，p 为平衡压力，Pa；p_0 为吸附平衡温度下吸附质的饱和蒸气压，Pa；V_m 为固体表面上形成单分子层饱和吸附时的吸附量，mL；V 为吸附平衡时的吸附量，mL；C 为与吸附有关的常数。

通过实验可测得一系列的 p 和 V，以 $\frac{p}{V(p_0-p)}$ 对 $\frac{p}{p_0}$ 作图得到一条直线，其斜率为 $\frac{C-1}{V_mC}$，截距为 $\frac{1}{V_mC}$，由此可得：

$$V_m=\frac{1}{斜率+截距} \tag{7.35}$$

若已知每个被吸附的气体分子的截面积，就可以求出被测固体吸附剂的比表面积，即：

$$S_g=\frac{V_mN_AA_m}{22400W} \tag{7.36}$$

式中，S_g 为被测固体吸附剂的比表面积，m^2/g；N_A 为阿伏伽德罗常数；A_m 为被吸附的气体分子的截面积，nm^2；W 为被测固体吸附剂的质量，g；22400 为标准状况下 1mol 气体的体积，mL。

吸附质分子的截面积可由多种方法求出，其中应用较多的一种可利用下式计算

$$A_m=1.09\left(\frac{M}{N_Ad}\right)^{2/3} \tag{7.37}$$

式中，M 为吸附质的摩尔质量；d 为实验温度下吸附质的密度。本实验以氮气为吸附质，78K 时其截面积为 $0.162nm^2$（$16.2Å^2$）。

BET 公式的适用范围为：$\frac{p}{p_0}=0.05\sim0.35$。这是因为当比压小于 0.05 时，压力太小，建立不起多分子层吸附的平衡，甚至连单分子层物理吸附也还未完全形成；当比压大于 0.35 时，由于毛细管凝聚变得显著，因而破坏了吸附平衡。

BET 公式被广泛应用于比表面积的测定，测量时通常采用低温惰性气体作为吸附质（如氮气）。当第一层吸附热远远大于被吸附气体的凝结热时，$C\gg1$ 时（对于许多吸附剂在 $-196℃$ 吸附氮气时 C 值通常都很大），BET 公式(7.34) 可简化为

$$\frac{p}{V(p_0-p)}=\frac{1}{V_m}\times\frac{p}{p_0} \tag{7.38}$$

即 $\frac{p}{V(p_0-p)}$ 对 $\frac{p}{p_0}$ 作图所得直线截距近似等于零，故而

$$V_m=\frac{1}{斜率} \tag{7.39}$$

因此，在这种情况下只要选测 $\frac{p}{p_0}$ 在 $0.05\sim0.35$ 任一点的吸附量 V，即可按式(7.38) 计算出饱和吸附量 V_m。此方法是在特定条件下 BET 法的简便方法，常称为一点法公式。

测定固体比表面积的方法很多，到目前为止，使用最普遍的方法是 BET 法。BET 法可以分为静态法和动态法，前者又分为容量法、重量法等；后者分为常压流动法、色谱法等。

本实验采用 BET 容量法测定硅胶的比表面积，其合适的测量范围为 $1\sim1500m^2/g$。在实验测定之前，需要对固体吸附剂进行活化（将吸附剂表面上已吸附的气体或水蒸气分子除去），否则会影响对氮气的吸附，从而对实验结果造成比较大的误差。本实验选用微球硅胶为吸附剂，活化温度 150℃，活化时间约 1h，系统压力 $p \leqslant 10^{-2}Pa$。

三、　实验仪器与药品

1. 仪器：ASAP 2020 比表面积测定仪 1 台；氦气（钢瓶气）；氮气（钢瓶气）。
2. 药品：微球硅胶。

四、　实验步骤

1. 开启计算机，调用"ASAP 2020"程序，在 Film/Open/Simple information 中建立文件，设置分析方法，选择合适的脱气温度、吸附和脱附过程。选择 N_2 为吸附、脱附气体，然后按"Save"保存文件设置。

2. 准确称取 300mg 的微球硅胶放入样品管中（同时记录样品管和样品质量，精确到 0.0001g），将样品管安装到脱气站上，套上加热套。

3. 点击"Options"菜单，在其下拉菜单中点击"Sample Defaults"，根据样品性质及其分析项目设置参数，包括样品信息、样品管信息、脱气条件、分析条件、吸附质特性、保存方法等。点击"Start Degas"，选择样品进行脱气，脱气完毕计算机会自动显示脱气完成。

4. 将脱气完成后的样品管从脱气站取下，重新称重，计算出脱气后样品的实际质量，将样品管套上保温套，安放到分析站上，将样品的实际质量填入原文件中"Sample information"的"Mass"一栏中，单击"保存"，然后关闭文件。加一定量的液氮到分析站的杜瓦瓶中。点击"Options"菜单中的"Start Analysis"进行样品分析。

5. 实验完毕，关闭仪器和计算机。

五、　数据处理

1. 从"Report"菜单中选择报告文件。
2. 观察吸附、脱附曲线的形状，并分析其曲线类型。
3. 分析曲线与 BET 数据之间的关系，分析吸附、脱附数据。
4. 计算微球硅胶的比表面积。

六、　实验注意事项

1. 倒液氮要注意安全，一定戴上防护手套。
2. 脱气站温度高，要注意防止烫伤。
3. 仪器呈开启状态时，脱气杜瓦瓶必须保证有足够的液氮。

七、　思考题

1. 在实验中为什么控制 p/p_0 在 0.05～0.35？
2. 为什么吸附过程要在液氮中进行？
3. 低温物理吸附测量比表面积的优点和缺点是什么？

4. 氮气是本实验仪器的主要气体，但不是唯一气体，其他气体如 CO_2 与氮气相比较各有什么优、缺点？

八、讨论

1. 样品预处理

由于吸附法测定的关键是吸附质气体分子"有效地"吸附在被测固体吸附剂表面或填充在孔隙中，因此在测定之前，需将固体吸附剂表面上已吸附的气体或蒸气分子脱附除去。一般情况下，真空脱气分两步，100℃左右常压下去除的是其表面吸附的水分子，350℃左右去除有机物。注意根据吸附剂的性质进行选择合适的脱附条件，例如对于含微孔或吸附特性很强的样品，常温常压下很容易吸附杂质分子，有时需要通入惰性保护气体，以利于样品表面杂质的脱附。如果样品预处理不当，可能改变它对吸附质气体的吸附条件，从而影响比表面积的测定结果。

2. 样品质量的确定

通常待分析样品能提供 $40\sim120\,m^2$ 表面积，最适合氮气吸附分析。样品过少会引起分析结果的不稳定或者吸附量出现负值，导致软件会认为是错误的值而不产生分析结果。样品过多会延长分析时间。对于比表面积大的样品，样品质量要少（$>100\,mg$），然而称量误差会在总质量中占很大比重，因此，样品的准确称量就变得尤为重要，对于比表面积很小的样品，要尽量多称，但不能超过样品管底部体积的一半。另外，为了得到样品的真实质量，要预先将空样品管在脱气站上进行脱气，记录脱气后空样品管的质量，这样可以保证样品脱气后减掉空管质量得到的是样品的真实质量，从而减小了测量误差。

附录 7-7　吸附气体的选择

气体吸附法测试中，氮气是最常用的吸附质气体。对于含有微孔类的样品，若微孔尺寸非常小，基本接近氮气分子的直径时，一方面氮气分子很难或根本无法进入微孔内，导致吸附不完全；另一方面气体分子在与其直径相当的微孔内吸附特性非常复杂，受很多因素影响，因此吸附量的大小不能完全反应样品表面积的大小。对于这类样品，一般选用饱和蒸气压较小的氩气或氪气作为吸附质，以利于样品的吸附，保证测试结果的有效性。不同的吸附气体所测定的比表面积范围如表 7.4 所示。表中所述只是一个理论范围，在实际测量中低比表面积的实验精度很难提高。使用 Kr 检测极低比表面积时，实验仪器需要高真空泵、低压传感器和高气密性系统等。

表 7.4　几种常用吸附气体的主要参数及比表面积测定范围

吸附气体	液体(温度/K)	饱和蒸气压/Pa	比表面积测定范围/(m²/g)
氮气	氮(77.4)	1.01×10^5	0.1～无上限
氩气	氮(77.4)	2.68×10^4	0.05～10
氩气	氧(90.2)	1.33×10^5	1～10
氪气	氮(77.4)	0.239	0.001～1
氪气	氧(90.2)	2.58×10^5	0.02～1

◆ **参考文献** ◆

[1]　复旦大学，等.物理化学实验.第 2 版.北京：高等教育出版社，1993.

[2]　柳翱，巴晓微，刘颖，等.BET 容量法测定固体比表面积 [J].长春工业大学学报，2012, 33(2)：197.

[3]　ASAP 2020M 全自动比表面积及孔隙度分析仪说明书.

第8章 | 结构化学实验

实验二十五
磁化率的测定

建议实验学时数：4 学时

一、 实验目的及要求

1. 掌握古埃（Gouy）磁天平测定物质磁化率的实验原理和方法。

2. 通过测定硫酸亚铁、亚铁氰化钾和铁氰化钾的磁化率，计算中心离子的未成对电子数，判断 d 电子的排布情况，并推测其配位键类型。

二、 实验原理

1. 物质的磁性

物质在磁场中被磁化，在外磁场强度 H（A/m）的作用下，会产生一附加磁场 H'。其磁场强度 H' 与外磁场强度 H 之和称为该物质的磁感应强度 B，即

$$B = H + H' \tag{8.1}$$

H' 与 H 方向相同的叫顺磁性物质，相反的叫反磁性物质。有一类特殊物质如铁、钴、镍及其合金等，H' 比 H 大得多，H'/H 高达 10^4，而且附加磁场在外磁场消失后并不立即消失，这类物质称为铁磁性物质。

物质的磁化可用磁化强度 M 来描述，$H' = 4\pi M$。对于非铁磁性物质，M 与外磁场强度 H 成正比

$$M = \chi H \tag{8.2}$$

式中，χ 为物质的单位体积磁化率（简称磁化率），是物质的一种宏观磁性质，是无量纲的物理量。在化学中常用单位质量磁化率 χ_g 或摩尔磁化率 χ_M 表示物质的磁性质，它的定义是

$$\chi_g = \chi/\rho \tag{8.3}$$

$$\chi_M = M\chi_g = M\chi/\rho \tag{8.4}$$

式中，ρ 和 M 分别是物质的密度和摩尔质量。由于 χ 是无量纲的量，所以 χ_g 和 χ_M 的单位分别是 cm^3/g 和 cm^3/mol。这些数据都可以从实验测得，是宏观磁性质。在顺磁性和

反磁性的研究中常用到 χ 和 χ_M，其中，顺磁性物质的 $\chi_M > 0$，而反磁性物质的 $\chi_M < 0$。

2. 古埃法（Gouy）测定磁化率

古埃法是一种简便的测量方法，主要用于顺磁性物质的测量。古埃磁天平的特点是结构简单，灵敏度高。其简单的装置包括磁场和测力装置两部分。通过调节电流的大小及磁头间的距离，可以控制磁场强度的大小。测力装置可以用分析天平。用古埃磁天平法测定物质的磁化率，从而可求得永久磁矩和未成对电子数，对研究物质结构具有重要的意义。

用古埃磁天平测定物质的磁化率时，将装有样品的圆柱形玻璃管悬挂在分析天平的一个臂上，使样品底部处于电磁铁两极的中心，即处于磁场强度最大的区域；而样品的顶端离磁场中心较远，磁场强度很弱，整个样品处于一个非均匀的磁场中。由于沿样品轴心方向 z 存在一磁场梯度 $\dfrac{\partial H}{\partial z}$，故样品沿 z 方向受到磁力 dF 的作用：$dF = \chi \mu_0 S H \dfrac{\partial H}{\partial z} dz$ （8.5）

式中，χ 为体积磁化率；μ_0 为真空磁导率，$4\pi \times 10^{-7} N/A^2$；$S$ 为柱形样品的截面积。

对顺磁性物质，磁作用力指向场强最大的方向，反磁性物质的作用力则指向场强最弱的方向中。若不考虑样品管周围介质（如空气）和 H_0 的影响，积分得到作用在整个样品管上的力为：

$$F = \frac{1}{2}\chi \mu_0 H^2 S \qquad (8.6)$$

当样品受到磁场的作用力时，在天平的另一臂上加减砝码使之平衡，即可得出作用力的大小。设 Δm 为施加磁场前后的质量差，则：

$$F = \frac{1}{2}\chi \mu_0 H^2 A = g\Delta m = g(\Delta m_{空管+样品} - \Delta m_{空管}) \qquad (8.7)$$

由于质量磁化率 χ_g 和摩尔磁化率 χ_M 的定义：$\chi_g = \dfrac{\chi}{\rho}$，$\chi_M = \dfrac{\chi \mu_0 M}{\rho}$，又因样品质量 $m = \rho h S$，代入式（8.7）整理得：

$$\chi_g = \frac{2\Delta m h g}{\mu_0 m H^2} \qquad \chi_M = \frac{2\Delta m h g M}{\mu_0 m H^2} \qquad (8.8)$$

式中，g 为重力加速度；h 为样品高度；ρ 为样品密度；m 为样品质量；M 为样品摩尔质量；H 为磁场强度；μ_0 为真空磁导率，$\mu_0 = 4\pi \times 10^{-7} N/A^2$。

磁场强度须在真空条件下测定，特斯拉计测的是磁感应强度 B，由于 $B = H\mu_0$，因此摩尔磁化率的公式变为：

$$\chi_M = \frac{2\Delta m h g M \mu_0}{m B^2} \qquad (8.9)$$

在精确的测量中，通常用莫尔氏盐 $(NH_4)_2SO_4 \cdot FeSO_4 \cdot 6H_2O$ 来标定磁场强度，它的单位质量磁化率与热力学温度的关系为

$$\chi_g = \frac{9500}{T+1} \times 4\pi \times 10^{-9} \, m^3/kg \qquad (8.10)$$

3. 简单络合物的磁性与未成对电子

对于第一过渡系列元素络合物，它们的磁矩实验值大多符合

$$\mu_m = \mu_B \sqrt{n(n+2)} \qquad (8.11)$$

式中，n 是未成对电子数；μ_B 是电子磁矩的基本单位，称为玻尔磁子，其物理意义是单个自由电子自旋所产生的磁矩。

$$\mu_B = \frac{eh}{4\pi m_e c} = 9.274 \times 10^{-24} J/T \qquad (8.12)$$

式中，h 为普朗克常数；m_e 为电子质量。

而磁矩 μ_m 与摩尔顺磁磁化率 χ_M 之间有如下关系：

$$\chi_M = \frac{N_A \mu_m^2 \mu_0}{3kT} \tag{8.13}$$

式中，N_A 为阿伏伽德罗常数；k 为玻尔兹曼常数；T 为热力学温度。

根据式(8.13) 可以利用测定出的物质的摩尔顺磁磁化率 χ_M 计算出 μ_m，然后根据式(8.11) 计算样品的未成对电子数；若测得的 $\chi_M < 0$，则表示被测物质是反磁性物质，未成对电子数为零。这对于研究某些原子或离子的电子组态，以及判断络合物分子的配键类型是很有意义的。

对于顺磁性物质，根据未成对电子数可以判断络合物分子的配键类型。络合物中的中心离子的电子结构强烈地受配位体电场的影响。当没有配位体存在时，中心离子的 5 个 d 轨道具有相同的能量。在正八面体配位体场的作用下，中心离子的 d 轨道的能级分裂成两组，能量较高的一组记为 e_g，它由 d_{z^2} 和 $d_{x^2-y^2}$ 组成；能量较低的一组记为 t_{2g}，它由 d_{xy}、d_{yz}、d_{xz} 组成。e_g 和 t_{2g} 之间的能量差记为 Δ，称为分裂能。配位体电场越强（如 CN^- 配位体），则分裂能越大；配位体电场越弱（如 H_2O、F^- 配位体），则分裂能 Δ 越小。

若中心离子是 d^6 时，前 3 个 d 电子会排在能量较低的 t_{2g} 上，但第 4 个电子是排在 t_{2g} 上与前 3 个电子中的一个配对，还是排在 e_g 上，这主要决定于分裂能和电子成对能 P 的相对大小。电子成对能 P 是指自旋平行分占两个轨道的电子被挤到同一轨道上自旋相反所需的能量。若配位体为强场配位体（如 CN^-），则第 4 个电子克服电子成对能 P 而排在 t_{2g} 上；若配位体为弱场配位体（如 H_2O、F^- 等），则第 4 个电子克服电子分裂能 Δ 排在 e_g 上。因此 d^6 中心离子在正八面体配位场中的电子结构，在强场中有图 8.1(a) 的电子排布，在弱场中有图 8.1(b) 的电子排布。强场络合物因未成对电子少，属于低自旋络合物；弱场络合物因未成对电子多，属于高自旋络合物。

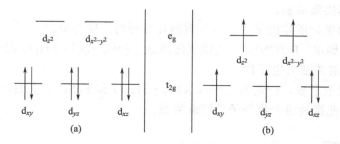

图 8.1　d^6 中心离子在正八面体配位场中的电子排布

三、　实验仪器与药品

1. 仪器：MB-1A 型古埃磁天平 1 套；玻璃样品管 1 支；装样品工具 1 套（包括研钵、角匙、小漏斗、脱脂棉、橡皮垫等）；直尺 1 把，温度计 1 支。

2. 药品：莫尔盐 $(NH_4)_2SO_4 \cdot FeSO_4 \cdot 6H_2O$（分析纯）；铁氰化钾 $K_3[Fe(CN)_6]$（分析纯）；亚铁氰化钾 $K_4[Fe(CN)_6] \cdot 3H_2O$（分析纯）；硫酸亚铁 $FeSO_4 \cdot 7H_2O$（分析纯）。

四、　实验步骤

1. 将仪器面板上的励磁电流旋钮左旋至最小，然后开启特斯拉计和电子天平的电源开关，预热 5min。

2. 励磁电流显示值为 0A，磁感应强度显示值不为 0mT 时，按下置零按钮使其显示为 000.0。

3. 空的样品管质量的测定

取一支洁净、干燥的空样品管悬挂在磁天平的挂钩上，样品管应与磁极中心线平齐，但不要触碰磁极。准确称取空管的质量 $m_1(H=0)$；然后缓慢调节励磁电流，使磁感应强度读数显示为 300mT，迅速称量，得到 $m_1(H_1)$；逐渐增大电流，使磁感应强度的读数显示为 350mT，称得质量为 $m_1(H_2)$。再略微将励磁电流调大一点，接着调小励磁电流使磁感应强度读数退至 350mT，称量得到 $m_2(H_2)$，继续缓慢调节励磁电流使磁感应强度读数为 300mT，称得质量为 $m_2(H_1)$，再缓慢调节励磁电流使磁感应强度读数为 0.000mT，称得空管的质量为 $m_2(H_0)$。按照上述测定方法平行测定 3 次，取平均值。这样调节电流由小到大、再由大到小的测定方法是为了抵消实验时磁场剩磁现象的影响。

4. 用莫尔盐标定磁场强度 H

取下空的样品管将提前研磨好的莫尔盐通过小漏斗装入样品管中，边装边使样品管底部在橡皮垫上轻轻碰击，使样品填充均匀密实，直至装至样品管上端的刻线处，用直尺测量样品高度 h。按照步骤 2 的方法测定样品管和莫尔盐在不同磁场下的质量，测定完毕将莫尔盐倒入试剂回收瓶中。

5. 将样品管清洗干净、吹干，装入研磨好的样品，装样高度与莫尔盐尽量相同，用同样的方法分别测定硫酸亚铁、铁氰化钾和亚铁氰化钾。

6. 实验完毕，将励磁电流的旋钮左旋至最小，关闭特斯拉计和电子天平的电源开关。将样品管中的样品倒入试剂回收瓶，将样品管清洗干净，整理实验台。

五、 数据处理

1. 将实验数据绘制成表。

2. 由莫尔盐的单位质量磁化率和实验数据计算磁场强度的值。

3. 计算铁氰化钾 $K_3[Fe(CN)_6]$、亚铁氰化钾 $K_4[Fe(CN)_6] \cdot 3H_2O$ 和硫酸亚铁 $FeSO_4 \cdot 7H_2O$ 的 χ_M、μ_m 和未成对电子数。

4. 根据未成对电子数，讨论 $K_4[Fe(CN)_6] \cdot 3H_2O$ 和 $FeSO_4 \cdot 7H_2O$ 中的 Fe^{2+} 的最外层电子的结构，由此推断络合物分子的配键类型。

六、 实验注意事项

1. 测试样品时，应关闭仪器玻璃门，以免空气流动对称量产生影响。

2. 励磁电流的调节必须平稳、缓慢，调节电流时不宜用力过大；在测试完毕之后，将励磁电流调节旋钮左旋至最小，方可关闭仪器，否则极易损坏磁天平。

3. 样品管处于两磁极的中心位置，注意不能与磁极接触。

4. 样品使用前必须研磨细，与莫尔盐的颗粒度大小一样。

5. 装在样品管内的样品高度要一样，填充要均匀紧密、端面平整、高度测量要准确。

6. 所有磁性物质要远离磁天平，实验过程中不能有手表和手机。

七、 思考题

1. 在相同励磁电流下，前后两次测量的结果有无差别？磁场强度是否一致？在不同励磁电流下测得样品的摩尔磁化率是否相同？

2. 样品的装填高度及其在磁场中的位置有何要求？如果样品管的底部不在两个磁极的中心，对测量结果有何影响？

3. 从摩尔磁化率如何计算分子内未成对电子数及判断其配键类型？

八、讨论

1. 在磁化率测定实验中，当磁场强度变化时，玻璃空管的质量也随之发生微小变化。这与玻璃材料里含有的铁磁性杂质有关。要解决这一问题，可以改用塑料管。塑料管材料中所含的磁性物质较少，对实验结果的影响也小，但塑料密度低，塑料管在电流较大时会发生剧烈摆动，易触及磁极，造成误差。

2. 影响磁化率测定的因素，除样品的纯度及堆积密度要均匀外，保持励磁电流的稳定也十分重要。为此，需选用稳定性好的电源，还要防止电流通过电磁线圈后引起发热，因发热会使线圈的电阻增大，导致电流与磁场强度发生变化，而使天平称量的值难以重现。当室温较高时，线圈散热尤其要注意。

3. 励磁电流的选择应根据待测物质的磁化率而定。低磁化率的试样选择较大的励磁电流，高磁化率的试样选择较小的励磁电流。但过小的电流往往稳定性不好，且直接造成称量的误差。

4. 通常用已知摩尔磁化率的标准物质标定磁场强度 H，常用的标准物质有纯水、氯化镍水溶液、莫尔盐 $[(NH_4)_2SO_4 \cdot FeSO_4 \cdot 6H_2O]$、$CuSO_4 \cdot 5H_2O$ 和 $Hg[Co(NCS)_4]$ 等。

5. 对测试样品的要求

金属或合金物质可做成圆柱体直接在磁天平上测量；液体样品则装入样品管测量；固体粉末状物质要研磨后再均匀紧密地装入样品管中测量。古埃磁天平不能测量气体样品。微量的铁磁性杂质对测量结果影响很大，故制备和处理样品时要特别注意防止杂质的沾染。

附录 8-1　古埃磁天平简介

古埃磁天平的特点是结构简单、灵敏度高，用古埃磁天平法测定物质的磁化率进而可以求得永久磁矩和未成对电子数，这对研究物质结构具有重要意义。

1. MB-1A 型古埃磁天平的结构。

MB-1A 型古埃磁天平结构如图 8.2 所示。它是由电磁铁、恒流电源、数字式特斯拉计和电子天平等构成。

(1) 磁极　由电磁铁构成，磁极材料用软铁，磁极端面需平滑均匀，使磁极中心磁场强度尽可能相同。磁极中心最大磁场 0.85T、磁极直径 40mm、磁隙宽度 6～40mm，磁极间的距离连续可调，便于实验操作。在励磁线圈中无电流时，剩磁为最小（数字显示 0.00±0.0001）。

(2) 恒流电源　励磁线圈中的励磁电流由稳流电源供给，励磁电流为数字式显示，电流强度的最大输出为 10A，在 0～10A 范围内可以连续调节。

(3) 特斯拉计（又称高斯计）　是由霍尔探头和测量仪表构成。它是根据霍尔效应制成的，用于测量磁感应强度的仪器。霍尔探头在磁场中因霍尔效应而产生霍尔电压，测出霍尔电压后根据霍尔电压公式和已知的霍尔系数可确定磁感应强度的大小。磁感应强度的数据在仪器面板上为数字式显示，本仪器的测量范围为 0～1.2T。

(4) 电子天平　MB-1A 型古埃磁天平需要自配电子天平，电子天平底部带挂钩。在安装时，将电子天平底部中间的螺丝拧开，里面露出挂钩，将一根细的尼龙线一头系在挂钩上，另一头与样品管连接。

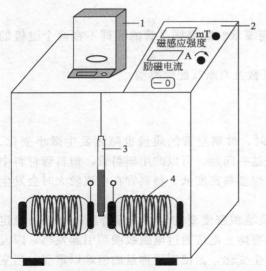

图 8.2　古埃磁天平法测定磁化率的装置示意图
1—电子天平；2—特斯拉计；3—样品管；4—电磁铁

（5）样品管　样品管由硬质玻璃管制成，为抗磁性。其内径为 0.6～1.2cm，高度大于 16cm，样品管底部是平底，且样品管圆而均匀。测量时，用尼龙线将样品管垂直悬挂于天平盘下。注意样品管底部应处于磁场中心。

2. MB-1A 型磁天平的使用方法

仪器操作面板如图 8.2 所示，其操作步骤说明如下。

① 将"励磁电流调节旋钮"左旋到最小，开启电源开关，预热 5min。

② 励磁电流显示值为 0A，磁感应强度显示值不为 0mT 时，按下置零按钮使其显示为 000.0。

③ 以探头平面垂直置于两个磁极的中心，测定离磁铁中心多高处 $H_\circ=0$，这就是样品管内应该装填样品的高度，并标上刻度线。

④ 调节励磁电流调节旋钮，使电流增大至特斯拉计上显示约 300mT，调节探头上下、左右位置，观察读数显示值，把探头位置调节至显示值为最大的位置，此乃探头最佳位置，上紧探头支架上的紧固螺丝将其固定在两磁铁中间的最佳位置。

⑤ 测试样品时，缓慢调节励磁电流的旋钮，将磁感应强度调至实验要求的值，然后迅速称量，记录数据。

⑥ 实验完毕，先调节"励磁电流"旋钮使特斯拉计数字显示为零，然后关闭电源开关。

◆ **参考文献** ◆

［1］　孙尔康，高卫，徐维清，等. 物理化学实验. 第 2 版. 南京：南京大学出版社，2010.
［2］　复旦大学，等. 物理化学实验. 第 2 版. 北京：高等教育出版社，1993.
［3］　郑传明，吕桂琴. 物理化学实验. 第 2 版. 北京：北京理工大学出版社，2015.
［4］　周公度，段连运. 结构化学. 第 3 版. 北京：北京大学出版社，2002.
［5］　黄桂萍，张菊芳，叶丽莎，等. 络合物电子结构的测定——古埃磁天平法（磁化率的测定）实验方法的讨论. 江西化工，2008，1：80.
［6］　麻英，张连庆，常爱玲. 磁化率测定实验用样品管的改进. 大学化学，2004，19(5)：39.

实验二十六

稀溶液中极性分子偶极矩的测定

建议实验学时数：4 学时

一、 实验目的及要求

1. 用溶液法测定乙酸乙酯的分子偶极矩。
2. 了解溶液法测定偶极矩的原理和方法。
3. 了解分子偶极矩与分子电性质的关系。
4. 掌握测定液体介电常数的实验技术。

二、 实验原理

1. 偶极矩与极化度

分子结构可近似地被看成是由电子云和分子骨架（原子核及内层电子）所构成的。分子本身呈电中性，但由于空间构型的不同，正、负电荷中心可重合也可不重合，前者称为非极性分子，后者称为极性分子。分子极性大小常用偶极矩来度量，其定义为：

$$\vec{\mu} = qd \tag{8.14}$$

式中，q 是正、负电荷中心所带的电荷；d 为正、负电荷中心间的距离；偶极矩 μ 为一矢量，其方向规定为由正到负，SI 单位是库仑·米（C·m），过去通常使用的单位是德拜（D），$1D = 3.338 \times 10^{-30} C·m$。因分子中原子间距离的数量级为 $10^{-10} m$，电荷数量级为 $10^{-20} C$，所以偶极矩的数量级为 $10^{-30} C$。非极性分子的偶极矩为 0。极性分子的极性大小可以由偶极矩的大小反映出来，从分子偶极矩的值可以了解分子结构中有关电子云的分布和分子的对称性以及分子的空间构型等结构特性。

极性分子具有永久偶极矩，但由于分子的热运动，偶极矩指向各个方向的取向概率相等，所以偶极矩的统计平均值为 0。若将极性分子置于均匀的外电场中，则偶极矩在电场的作用下会趋向电场方向排列，即这些分子被极化了。极化的程度可用摩尔极化度 P 来衡量。

在外加电场作用下，不论是极性分子或非极性分子，都会发生电子云对分子骨架的相对移动，分子骨架也会发生变形，这种现象称为分子的诱导极化或者变形极化。诱导极化会产生诱导偶极矩，诱导极化可以用摩尔诱导极化度 $P_{诱导}$ 来衡量。显然，$P_{诱导}$ 包括两部分：①电子极化，由电子与原子核发生相对位移引起，记为 P_e；②原子极化，原子核间发生相对位移，即键长和键角的改变引起，记为 P_a。极性分子除了发生诱导极化，还会沿着电场方向转动，这种现象称为极性分子的转向极化，转向极化度用 P_μ 表示。因此，极性分子总的摩尔极化度 P 为：

$$P = P_e + P_a + P_\mu \tag{8.15}$$

转向极化会产生转向偶极矩，P_μ 与分子的永久偶极矩的平方成正比，与热力学温度 T 成反比，即

$$P_\mu = \frac{4}{3}\pi N_A \frac{\mu^2}{3kT} = \frac{4}{9}\pi N_A \frac{\mu^2}{kT} \left(\mu = \sqrt{\frac{9kTP_\mu}{4\pi N_A}} \right) \tag{8.16}$$

式中，k 为玻尔兹曼常数；N_A 为阿伏伽德罗常数。

外电场若是交变电场，则极性分子的极化与交变电场的频率有关。在电场的频率小于 $10^{10} s^{-1}$ 的低频电场或静电场下，极性分子产生的摩尔极化度 P 是转向极化、电子极化和原子极化的总和，即 $P = P_e + P_a + P_\mu$；而在电场频率为 $10^{12} \sim 10^{14} s^{-1}$ 的中频电场下（红外光区），由于电场的交变周期小，使得极性分子的转向运动跟不上电场变化，即极性分子无法沿电场方向定向，$P_\mu = 0$，此时 $P = P_e + P_a$，即分子的摩尔极化度等于摩尔诱导极化度；当交变电场的频率增大到大于 $10^{15} s^{-1}$（即可见光和紫外光区）的高频时，极性分子的转向

运动和分子骨架变形都跟不上电场的变化，此时极性分子的摩尔极化度等于电子极化度，即 $P = P_e$。因此，原则上只要在低频电场下测得极性分子的摩尔极化度 P，在中频（红外频率）下测得极性分子的摩尔诱导极化度 $P_{诱导}$，两者相减便可以得到极性分子的摩尔转向极化度 P_μ，然后代入式(8.16)，即可计算出极性分子的永久偶极矩 μ。

由于 P_a 只占 $P_{诱导}$ 中的 5%～15%，而实验时由于条件的限制，一般总是用高频电场来代替中频电场。所以通常近似把高频电场下测得的摩尔极化度当作摩尔诱导偶极矩。

2. 极化度和偶极矩的测定

摩尔极化度与物质的介电常数有关。对于分子间相互作用很小的体系，克劳修斯、莫索蒂和德拜（Clausius-Mosotti-Debye）从电磁理论得到摩尔极化度 P 与介电常数 ε 之间的关系式为

$$P = \frac{\varepsilon - 1}{\varepsilon + 2} \times \frac{M}{\rho} \tag{8.17}$$

式中，M 为被测物质的摩尔质量；ρ 为该物质的密度；ε 可以通过实验测定。

上式是假定分子之间无相互作用时推导得到的，因此只适用于温度不太低的气相体系。但测定气相介电常数和密度在实验上困难较大，甚至有些物质并不一定能以气体状态存在，可能在加热气化时就已分解。因此通常将极性化合物溶于非极性溶剂中配成稀溶液，用溶液法来解决这一问题。但是，在溶液中测定总会受溶质分子间、溶剂分子间以及溶剂与溶质分子间相互作用的影响。在无限稀释的非极性溶剂的溶液中，溶质分子所处的状态与气相时相近，从而消除了溶质分子间的相互作用。于是，无限稀释溶液中溶质的摩尔极化度 P_B^∞ 就可看作上式中的 P，即：

$$P = P_B^\infty = \lim_{x_B \to 0} P_B = \frac{3\alpha\varepsilon_A}{(\varepsilon_A + 2)^2} \times \frac{M_A}{\rho_A} + \frac{\varepsilon_A - 1}{\varepsilon_A + 2} \times \frac{M_B - \beta M_A}{\rho_A} \tag{8.18}$$

式中，ε_A 和 ρ_A 分别为溶剂的介电常数和密度；M_A 和 M_B 分别为溶剂和溶质的摩尔质量。α、β 为两个常数，可由下面两个稀溶液的近似公式求出：

$$\varepsilon_{AB} = \varepsilon_A(1 + \alpha x_B) \tag{8.19}$$

$$\rho_{AB} = \rho_A(1 + \beta x_B) \tag{8.20}$$

式中，ε_{AB} 和 ρ_{AB} 分别为溶液的介电常数和密度；x_B 为溶质的摩尔分数。

由于在红外频率下测 $P_{诱导}$ 较困难，所以一般在高频场中测定 P_e（此时 $P_\mu = 0$，$P_a = 0$，$P = P_e$）。根据光的电磁理论，在同一频率的高频电场作用下，透明物质的介电常数 ε 与折射率 n 的关系为：

$$\varepsilon = n^2 \tag{8.21}$$

习惯上用摩尔折射度 R 来表示高频区测得的极化度，则

$$R = P_e = \frac{n^2 - 1}{n^2 + 2} \times \frac{M}{\rho} \tag{8.22}$$

同样测定不同浓度溶液的摩尔折射度 R，外推至无限稀释，就可求出该溶质的摩尔折射度公式。

$$R_B^\infty = \lim_{x_B \to 0} R_B = \frac{n_A^2 - 1}{n_A^2 + 2} \times \frac{M_B - \beta M_A}{\rho_A} + \frac{6 n_A^2 M_A \gamma}{(n_A^2 + 2)^2 \rho_A} \tag{8.23}$$

式中，R_B^∞ 为无限稀释时极性分子的摩尔折射度；n_A 为溶剂的摩尔折射率；γ 为常数，由下式求出：

$$n_{AB} = n_A(1 + \gamma x_B) \tag{8.24}$$

式中，n_{AB} 为溶液的摩尔折射率；α、β、γ 分别根据 ε_{AB}-x_B、ρ_{AB}-x_B、n_{AB}-x_B 作图求出。

则
$$P_\mu = P_B^\infty - R_B^\infty = \frac{4\pi N_A \mu^2}{9kT} \qquad (8.25)$$

$$\mu = 0.0128\sqrt{(P^\infty - R^\infty)T}\,(D) = 0.04274 \times 10^{-30}\sqrt{(P^\infty - R^\infty)T}\,(C \cdot m) \qquad (8.26)$$

3. 介电常数的测定

介电常数是通过测定电容依据公式计算得到的。

测量电容的方法一般有电桥法、拍频法和谐振法。后两种方法具有抗干扰性能好、精密度高的优点，但仪器价格昂贵。本实验采用电桥法测量电容。物质的介电常数与电容的关系为：

$$\varepsilon = \frac{C}{C_0} = \frac{C}{C_空} \qquad (8.27)$$

式中，C_0 是电容器两极间处于真空中的电容；C 是电容器两极间充满待测溶液时的电容；$C_空$ 是电容器以空气为介质时的电容。实验上通常将空气为介质时的电容近似看为 C_0，因为空气相对于真空的介电常数为 1.0006，与真空作介质的情况相差甚微。电容测量仪测定的电容 C_x' 包括待测样品的电容 C_x 和整个测试系统中的分布电容 C_d，即

$$C_x' = C_x + C_d \qquad (8.28)$$

式中，C_x' 为实验测量值；C_x 为待测样品的真实电容。

对于同一台仪器和同一电容池，在相同的实验条件下，C_d 基本上是定值，在测量时应予以扣除，否则会引起误差。实验中先测定无样品时以空气为介质的电容 $C_空'$，再选用一已知介电常数 $\varepsilon_标$ 的标准物质（如苯），测定其电容 $C_标'$，从而求得 C_d。

$$C_空' = C_空 + C_d \qquad (8.29)$$

$$C_标' = C_标 + C_d \qquad (8.30)$$

由于
$$\varepsilon_标 = C_标 / C_空 \,(C_空 \approx C_0) \qquad (8.31)$$

因此
$$C_d = \frac{\varepsilon_标\, C_空' - C_标'}{\varepsilon_标 - 1} \qquad (8.32)$$

由式(8.32) 可以求出 C_d 的值。测出不同浓度溶液为介质时的电容 C_x'，将其与 C_d 值代入式(8.28)，计算出各不同浓度溶液的 C_x，再按照式(8.27) 计算出各待测溶液的介电常数 ε。

本实验是将乙酸乙酯溶于非极性的环己烷中形成稀溶液，通过测定不同浓度溶液的介电常数、密度和折射率，依据式(8.18) 和式(8.23) 计算得到 P^∞ 和 R^∞，然后由式(8.26) 计算乙酸乙酯的分子偶极矩。

三、　实验仪器与药品

1. 仪器：精密电容测定仪 1 台；电容池 1 只；阿贝折光仪 1 台；密度管 1 只；25mL 容量瓶 5 只；5mL 注射器 1 支；超级恒温槽 1 台；10mL 烧杯 5 只；5mL 移液管 1 支；滴管 5 支。

2. 药品：乙酸乙酯（分析纯）；环己烷（分析纯）。

四、　实验步骤

1. 用称量法配制 5 种浓度（摩尔分数）分别为 0.05、0.10、0.15、0.20 和 0.30 的乙

酸乙酯-环己烷溶液 25mL。操作时须注意防止溶质、溶剂的挥发和吸收极性大的水汽，因此，溶液配好后要迅速盖上瓶塞，并置于干燥器中。

2. 在（25±0.1）℃条件下，用阿贝折光仪分别测定环己烷及配制的 5 份溶液的折射率。测定时注意每个样品需加样 3 次，读取 3 个数据后取平均值。

3. 取一洗净干燥的密度管，先称空瓶的质量，然后称量水和 5 份溶液的质量。

4. 用吸耳球将电容池样品室吹干，并将电容池与电容测定仪连接线接上，在量程选择键全部弹起的状态下，开启精密电容测定仪的电源开关，预热 10min，用调零旋钮将示数调节为零，将量程打在 20pF 挡，待数显稳定后记录数据，此即为 $C'_空$。重复测定 2 次，取平均值。

用移液管量取 1mL 环己烷注入电容池的样品室，迅速盖好电容池盖子，以防液体挥发。恒温 10min 后，同上法测定电容值。然后打开电容池盖子，将环己烷倒入回收瓶中，重新装样，再次测定电容值，取 2 次测定的平均值即为 $C'_标$。

将环己烷倒入回收瓶中，用吸耳球反复吹扫样品室直到数显值与前面所测 $C'_空$ 的值相差无几（<0.05pF），否则需要继续吹。按照上述方法分别测定 5 份不同浓度溶液的 $C'_溶液$，每次测 $C'_溶液$ 后均需复测 $C'_空$，以检验样品室是否还残留样品。

五、 数据处理

1. 将所测实验数据绘制成 Excel 表格。

2. 计算各溶液的摩尔分数。

3. 通过下式计算环己烷和各溶液的密度，并作 ρ-x_B 图，由直线斜率求出 β 值。

$$被测液体 i 的密度：\rho_i = \frac{m_i - m_0}{m_水 - m_0}\rho_{t,H_2O}$$

式中，m_0 为空密度管的质量；$m_水$ 为水的质量；m_i 为溶液的质量；ρ_{t,H_2O} 为 t℃时水的密度；ρ_i 为 t℃时溶液的密度。

4. 由测得的电容值计算各溶液的介电常数。

（1）分布电容 C_d 的计算　环己烷为标准物质，其介电常数 ε 与温度 T（K）的关系式如下：

$$\varepsilon_{环己烷} = 2.023 - 0.0016(T - 293)$$

由此式计算出实验温度时环己烷的介电常数 $\varepsilon_标$，再将空气和环己烷的电容 $C'_空$ 及 $C'_标$ 代入式(8.32) 便可求得 C_d。

（2）介电常数的计算　将 C_d 值代入式(8.28) 和式(8.29)，计算出不同浓度溶液的电容值 C_x 及 $C_空$。然后按照式(8.27) 计算各溶液的介电常数。

5. 根据公式 $n_{AB} = n_A(1 + \gamma x_B)$，用 Excel 或 Origin 软件绘制 n_{AB}-x_B 图，由直线的斜率求出 γ 值。

6. 根据公式 $\varepsilon_{AB} = \varepsilon_A(1 + \alpha x_B)$ 计算各溶液的介电常数，然后绘制 ε_{AB}-x_B 图，由直线斜率求出 α 值。

7. 根据式(8.18) 和式(8.23) 分别计算 P_B^∞ 和 R_B^∞。

8. 将 P_B^∞ 和 R_B^∞ 代入式(8.26) 中，计算偶极矩 μ，并与文献值对比。

六、 实验注意事项

1. 正丁醇和环己烷容易挥发，配制溶液时动作应迅速，以免影响浓度。

2. 为防止本实验溶液中含有水分，配制溶液所用的容量瓶、移液管等玻璃仪器均需要干燥。

3. 测定电容时，操作应迅速，电容池盖必须盖紧，以防止溶液的挥发及吸收空气中极性较大的水汽，从而影响测定值。

4. 电容池中每次装入的样品量要严格相同。样品过多会腐蚀密封材料并渗入恒温腔，导致实验无法正常进行。

5. 电容池各部件的连接应注意绝缘。

七、 思考题

1. 本实验测定偶极矩时做了哪些近似处理？

2. 准确测定溶质摩尔极化度和摩尔折射度时，为何要外推到无限稀释？

3. 试分析实验中误差的主要来源，如何改进？

八、 讨论

1. 通过偶极矩的数据可以了解分子的对称性，判别其几何异构体和分子的主体结构等。偶极矩一般是通过测定介电常数、密度、折射率和浓度来求算的。对介电常数的测定除电桥法外，还有拍频法和谐振法等。对于气体和电导很小的液体选择拍频法测定比较好；对于电导相当大的液体选择谐振法测定比较合适；对于有一定电导但不大的液体选用电桥法测定比较理想。

2. 采用溶液法测定的极性分子的偶极矩，由于在溶液中存在溶质分子与溶剂分子以及溶剂分子与溶剂分子间的"溶剂效应"，因而使得其测量值与真实值之间存在着偏差。

◆ 参考文献 ◆

[1]　郑传明，吕桂琴. 物理化学实验. 第2版. 北京：北京理工大学出版社，2015.

[2]　罗鸣，石士考，张雪英. 物理化学实验. 北京：化学工业出版社，2012.

[3]　孙尔康，高卫，徐维清，等. 物理化学实验. 第2版. 南京：南京大学出版社，2010.

[4]　北京大学化学学院物理化学实验教学组. 物理化学实验. 第4版. 北京：北京大学出版社，2002.

[5]　复旦大学，等. 物理化学实验. 第2版. 北京：高等教育出版社，1993.

附录 物理化学实验常用数据表

附表 1 国际单位制的基本单位

量的单位	单位名称	单位符号
长度	米	m
质量	千克	kg
时间	秒	s
电流	安[培]	A
热力学温度	开[尔文]	K
物质的量	摩[尔]	mol
发光强度	坎[德拉]	cd

附表 2 国际单位制的辅助单位

量的名称	单位名称	单位符号
平面角	弧度	rad
立体角	球面度	sr

附表 3 国际单位制的一些导出单位

物理量	名称	代号 国际	代号 中文	用国际制基本单位表示的关系
频率	赫兹	Hz	赫	s^{-1}
力	牛顿	N	牛	$m \cdot kg \cdot s^{-2}$
压强	帕斯卡	Pa	帕	$m^{-1} \cdot kg \cdot s^{-2}$
能、功、热	焦耳	J	焦	$m^2 \cdot kg \cdot s^{-2}$
功率、辐射通量	瓦特	W	瓦	$m^2 \cdot kg \cdot s^{-3}$
电量、电荷	库仑	C	库	$s \cdot A$
电位、电压、电动势	伏特	V	伏	$m^2 \cdot kg \cdot s^{-3} \cdot A^{-1}$
电容	法拉	F	法	$m^{-2} \cdot kg^{-1} \cdot s^4 \cdot A^2$
电阻	欧姆	Ω	欧	$m^2 \cdot kg \cdot s^{-3} \cdot A^{-2}$
电导	西门子	S	西	$m^{-2} \cdot kg \cdot s^3 \cdot A^2$
磁通量	韦伯	Wb	韦	$m^2 \cdot kg \cdot s^{-2} \cdot A^{-1}$
磁感应强度	特斯拉	T	特	$kg \cdot s^{-2} \cdot A^{-1}$
电感	亨利	H	亨	$m^2 \cdot kg \cdot s^{-2} \cdot A^{-2}$
光通量	流明	lm	流	$cd \cdot sr$
光照度	勒克斯	lx	勒	$m^{-2} \cdot cd \cdot sr$
黏度	帕斯卡秒	Pa·s	帕·秒	$m^{-1} \cdot kg \cdot s^{-1}$
表面张力	牛顿每米	N/m	牛/米	$kg \cdot s^{-2}$
热容量、熵	焦耳每开	J/K	焦/开	$m^2 \cdot kg \cdot s^{-2} \cdot K^{-1}$
比热容	焦耳每千克每开	J/(kg·K)	焦/(千克·开)	$m^2 \cdot s^{-2} \cdot K^{-1}$
电场强度	伏特每米	V/m	伏/米	$m \cdot kg \cdot s^{-3} \cdot A^{-1}$
密度	千克每立方米	kg/m³	千克/米³	$kg \cdot m^{-3}$

附表 4 单位换算表

单位名称	符号	折合 SI 单位制
长度的单位		
1 埃	Å	$=10^{-10}$ m
1 微米	μm	$=10^{-6}$ m
1 纳米	nm	$=10^{-9}$ m
1 皮米	pm	$=10^{-12}$ m
力的单位		
1 公斤力	kgf	$=9.80665$ N
1 达因	dyn	$=10^{-5}$ N
黏度单位		
泊	P	$=0.1$ N $\cdot$ S/m^2
厘泊	cP	$=10^{-3}$ N $\cdot$ S/m^2
压力单位		
毫巴	mbar	$=100$ N/m^2(Pa)
1 达因/厘米^2	dyn/cm^2	$=0.1$ N/m^2(Pa)
1 公斤力/厘米^2	kgf/cm^2	$=98066.5$ N/m^2(Pa)
1 工程大气压	af	$=98066.5$ N/m^2(Pa)
1 标准大气压	atm	$=101324.7$ N/m^2(Pa)
1 毫米水柱	mmH$_2$O	$=9.80665$ N/m^2(Pa)
1 毫米汞柱	mmHg	$=133.322$ N/m^2(Pa)
功能单位		
1 公斤力 $\cdot$ 米	kgf $\cdot$ m	$=9.80665$ J
1 尔格	erg	$=10^{-7}$ J
1 升 $\cdot$ 大气压	L $\cdot$ atm	$=101.328$ J
1 瓦特 $\cdot$ 小时	W $\cdot$ h	$=3600$ J
1 卡	cal	$=4.1868$ J
功率单位		
1 公斤力 $\cdot$ 米/秒	kgf $\cdot$ m/s	$=9.80665$ W
1 尔格/秒	erg/s	$=10^{-7}$ W
1 千卡/小时	kcal/h	$=1.163$ W
1 卡/秒	cal/s	$=4.1868$ W
比热容单位		
1 卡/(克 $\cdot$ 度)	cal/(g $\cdot$ ℃)	$=4186.8$ J/(kg $\cdot$ ℃)
1 尔格/(克 $\cdot$ 度)	erg/(g $\cdot$ ℃)	$=10^{-4}$ J/(kg $\cdot$ ℃)
电磁单位		
1 伏 $\cdot$ 秒	V $\cdot$ s	$=1$ Wb
1 安 $\cdot$ 时	A $\cdot$ h	$=3600$ C
1 德拜	D	$=3.334 \times 10^{-30}$ C $\cdot$ m
1 高斯	G	$=10^{-4}$ T
1 奥斯特	Oe	$=(1000/4\pi)$ A

附表 5 物理化学常数

常数名称	符号	数值	单位
标准重力加速度	g_n	9.80665	m $\cdot$ s^{-2}
光速	c	2.9979×10^8	m $\cdot$ s^{-1}
普朗克常数	h	6.6261×10^{-34}	J $\cdot$ s
玻尔兹曼常数	k	1.3806×10^{-23}	J $\cdot$ K^{-1}

常数名称	符号	数值	单位
阿伏伽德罗常数	N_A	6.0221×10^{23}	mol^{-1}
法拉第常数	F	9.6485×10^4	$C \cdot mol^{-1}$
电子电荷	e	1.60218×10^{-19}	C
电子静质量	m_e	9.1095×10^{-31}	kg
质子静质量	m_p	1.6726×10^{-27}	kg
中子静质量	m_N	1.6749×10^{-27}	kg
玻尔半径	a_0	5.2918×10^{-11}	m
玻尔磁子	μ_B	9.2740×10^{-24}	$J \cdot T^{-1}$
核磁子	μ_N	5.0508×10^{-27}	$J \cdot T^{-1}$
真空磁导率	μ_0	$4\pi \times 10^{-7} = 1.2566 \times 10^{-6}$	$H \cdot m^{-1}$
真空电容率	ε_0	8.8542×10^{-12}	$F \cdot m^{-1}$
里德堡常数	R_∞	1.0974×10^7	m^{-1}
精细结构常数	α	7.2974×10^{-3}	
万有引力常数	G	6.6742×10^{-11}	$m \cdot kg^{-1} \cdot s^{-2}$
理想气体标准态摩尔体积	V_m	22.413×10^{-3}	$m^3 \cdot mol^{-1}$
摩尔气体常数	R	8.31447	$J \cdot mol^{-1} \cdot K^{-1}$